国家自然科学基金项目（51404101）
河南省自然科学基金项目（212300410346）
河南省科技攻关计划项目（202102310546，212102310401）
河南省高等学校重点科研项目计划基础研究专项（19zx003）
河南省高等学校重点科研项目计划（20A440001）
河南理工大学创新型科研团队支持计划（T2020-1）

# 微波辐射激励煤体瓦斯解吸运移机理及应用

王志军/ 著

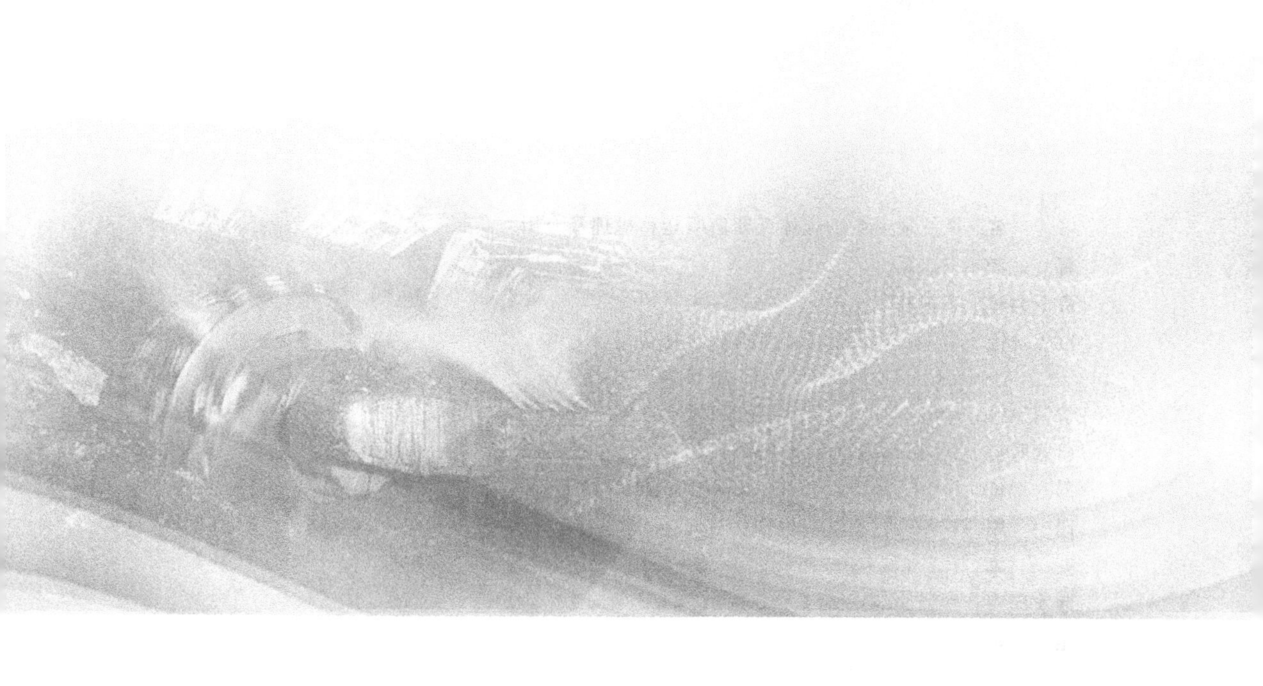

中国矿业大学出版社
·徐州·

## 内 容 提 要

本书系统介绍了微波辐射激励煤体瓦斯解吸运移规律及机理。全书共10章，主要包括微波技术原理、微波辐射下煤体电磁-热-流-固耦合数值分析、实验装置及实验方案、微波间断加载下煤中甲烷解吸响应特征、微波连续加载下煤中甲烷解吸响应特征、微波间断加载与微波连续加载下煤中甲烷解吸扩散动力学分析、微波间断加载与微波连续加载对煤样甲烷解吸影响的对比分析、微波辐射对煤中甲烷解吸促进作用及机理以及微波辐射在强化煤层气(页岩气)产出中的潜在应用等内容。

本书可为瓦斯灾害治理、煤层气开发等领域的工程技术人员提供参考，亦可供高等院校师生和科研院所的科技工作者阅读。

**图书在版编目(CIP)数据**

微波辐射激励煤体瓦斯解吸运移机理及应用 / 王志军著. —徐州 ：中国矿业大学出版社，2021.8

ISBN 978 - 7 - 5646 - 5115 - 2

Ⅰ. ①微… Ⅱ. ①王… Ⅲ. ①微波技术—应用—瓦斯治理 Ⅳ. ①TD712

中国版本图书馆 CIP 数据核字(2021)第 179528 号

**书　　名**　微波辐射激励煤体瓦斯解吸运移机理及应用

**著　　者**　王志军

**责任编辑**　王美柱

**出版发行**　中国矿业大学出版社有限责任公司

(江苏省徐州市解放南路　邮编 221008)

**营销热线**　(0516)83884103　83885105

**出版服务**　(0516)83995789　83884920

**网　　址**　http://www.cumtp.com　**E-mail**:cumtpvip@cumtp.com

**印　　刷**　苏州市古得堡数码印刷有限公司

**开　　本**　787 mm×1092 mm　1/16　**印张** 7.25　**字数** 181 千字

**版次印次**　2021 年 8 月第 1 版　2021 年 8 月第 1 次印刷

**定　　价**　42.00 元

# 前　言

煤炭是我国主导能源，瓦斯作为煤的伴生产物，不仅是煤矿重大灾害源和温室气体来源，也是一种宝贵的不可再生能源。我国煤层瓦斯资源丰富，但赋存条件复杂，可采煤层渗透率普遍较低，且煤层中80%～90%的瓦斯以吸附态赋存于煤体中难以解吸。随着矿井开采向深部不断延伸，含瓦斯煤层低渗透性、高吸附性、微裂隙性的特征愈加明显。《煤层气(煤矿瓦斯)开发利用"十三五"规划》指出，我国煤层气(煤矿瓦斯)开发利用历经"十一五""十二五"两个时期的发展，煤层气地面开发与煤矿瓦斯抽采利用均取得重大进展，但松软低透气性煤层瓦斯高效抽采基础理论和技术工艺仍未取得根本性突破。如何在低渗透性、高吸附性、微裂隙性煤层中强化瓦斯解吸、增大煤层透气性以提高瓦斯抽采率仍是煤矿瓦斯灾害防治亟待解决的技术难题。

瓦斯产出是一个复杂的解吸-扩散-渗流过程，为提高瓦斯抽采效率，人们尝试通过对这一过程的储层物理性质和地质环境给予一定人为干扰和积极导向来强化瓦斯抽采，从而提出密集钻孔抽采、水力压裂、深孔爆破、水力冲孔、水力割缝等强化瓦斯抽采的力学方法以及注气驱替等非力学方法。由于瓦斯抽采问题的复杂性以及上述方法本身存在一定的局限性，低渗透性煤层瓦斯抽采难题至今没有得到很好的解决。因此，寻找一种适用性更好、简单有效的低渗透性煤层强化瓦斯抽采的新方法显得尤为重要。

20世纪80年代开始，国内外学者开始尝试使用温度、声、电、磁等外加物理场激励瓦斯产出，以期找到促进瓦斯抽采的简单有效方法。尽管上述几种物理场对煤与瓦斯系统产生的效应存在差异，但均能在一定程度上促进瓦斯解吸运移。近年来，受升温降低瓦斯吸附、促进瓦斯解吸的启示，煤层注热(通过热水、蒸汽等媒介)被认为是一种促进瓦斯运移产出的有效方法。研究发现，煤层注热通过增大扩散率来提高瓦斯产量，注热能提高煤层渗透性，能将瓦斯产量提高58%。但是大量热水或蒸汽的注入会阻塞瓦斯渗流通道，影响煤层瓦斯运移产出，且热源运送及水分蒸发会产生热量散失，增大能量消耗。

与传统加热方式不同，微波加热无须经过热传导，属于整体加热，其因具有加热效率高、升温速度快、可选择性加热的特点而被广泛关注。微波是指频率在300 MHz～300 GHz范围内的电磁波，具有频率高、波长短、穿透性强等其他电磁波所不具有的特征，是一种特殊的电磁波。与传统的热传导加热方式相比，微波加热具有以下优点：① 采用体积加热方式，不依赖传导来加热物体，属于整体加热，效率高，升温快；② 非接触，快速、高效；③ 可选择性加热，目标性强；④ 操作性好，可快速启停；⑤ 安全、环保，可自动控制。凭借这些优势，近年来，微波技术在稠油、地下油页岩和煤层气等资源开发领域得到了初步应用，被认为是一种极具发展前景的高效、经济、方便的非常规油气开发新方法。

作者在国家自然科学基金、中国博士后科学基金及河南省自然科学基金等项目的资助下，通过理论分析、数值模拟及物理实验，对微波辐射下煤体电磁-热-流-固耦合机理、微波间断加载下煤中甲烷解吸响应特征、微波连续加载下煤中甲烷解吸响应特征、微波间断加载与微波连续加载下煤中甲烷解吸扩散动力学规律、微波间断加载与微波连续加载对煤样甲烷解吸影响特征、微波辐射对煤中甲烷解吸促进作用及机理以及微波辐射在强化煤层气（页岩气）产出中的潜在应用等进行了研究，揭示了微波辐射对煤体瓦斯解吸的促进作用及相应机理。本书就是在这些研究成果的基础上精心撰写而成的。

本书研究内容得到了国家自然科学基金项目(51404101)、河南省自然科学基金项目(212300410346)、河南省科技攻关计划项目(202102310546，212102310401)、河南省高等学校重点科研项目计划基础研究专项(19zx003)、河南省高等学校重点科研项目计划(20A440001)、河南理工大学创新型科研团队支持计划(T2020-1)等的资助。本书出版还得到了煤炭安全生产与清洁高效利用省部共建协同创新中心与中原经济区煤层(页岩)气河南省协同创新中心的资助。在撰写本书过程中参阅并引用了大量中外文献，在此对所有参考文献的作者表示最诚挚的谢意。

由于作者水平所限，书中疏漏之处在所难免，恳请读者批评指正。

**著　者**

2021 年 5 月于河南理工大学

# 目 录

# 1 绪 论

## 1.1 研究背景及意义

能源在我国的经济建设及社会可持续发展中有着很重要的作用和地位，其中，煤炭在我国的能源结构中扮演了极其重要的角色。2020 年，全国规模以上企业煤炭产量 38.4 亿 t，同比增长 0.9%，全国煤炭消费量占一次能源消费量的比例约为 57%。考虑一次能源的资源量、高污染性及不可再生性，我国目前正在大力促进新能源的发展，比如使用水力、风力、生物能及太阳能发电等，但是，鉴于我国煤炭资源量丰富、开采条件成熟等现实条件，预计到 21 世纪中叶，煤炭在整个能源消费结构中的比例仍将会在 50%左右。煤炭工业的发展将直接影响我国能源安全、社会经济良好发展等一系列问题。

我国煤炭资源非常丰富，截至 2016 年年底，我国已查明煤炭资源量达 $1.87\times10^{12}$ t，仅次于俄罗斯、美国，居世界第三位。我国每年煤炭消耗量异常庞大，主要用于电力、钢铁等重工业方面。我国煤矿井工开采的产量约占 90%。近年来，随着开采深度的增加、煤层赋存条件的渐趋复杂，煤炭开采难度逐渐增大，煤与瓦斯突出、突水、瓦斯爆炸等矿井灾害发生的可能性及危害程度越来越大，对煤矿正常生产和井下工作人员的生命安全造成了极大的威胁。煤层气作为煤炭开采的伴生气体，在这些井下事故里扮演着非常重要的角色。

煤层气，又称为瓦斯，是煤的一种伴生气体资源，同时是十分清洁高效的气体能源。我国煤层气储量非常丰富。据测算，埋藏深度 2 000 m 以浅的煤层气储量约为 $3.5\times10^{13}$ $m^3$，其中已探明储量约为 $1.2\times10^{13}$ $m^3$，远景储量约为 $2.3\times10^{13}$ $m^3$，有着巨大的开发潜力。众所周知，煤层气的主要成分为 $CH_4$，而 $CH_4$ 是除 $CO_2$ 外最主要的温室气体，$CH_4$ 在全球温室效应中的比例约为 18%，它比 $CO_2$ 有着更为强烈的温室效应，同体积条件下 $CH_4$ 的温室效应是 $CO_2$ 的 25 倍，在 100 年期限内，每克 $CH_4$ 的温室效应约为每克 $CO_2$ 的 21 倍左右，其穿透臭氧层的能力比 $CO_2$ 高出 7 倍。由于我国煤层气抽采技术的限制及考虑抽采成本，低浓度瓦斯常常得不到有效利用而放散于大气中，我国每年因采煤向大气中排放的瓦斯量约为 $1.94\times10^{10}$ $m^3$，既造成资源浪费，又污染大气环境，造成温室效应。$CH_4$ 的组成元素是碳和氢，燃烧后完全没有污染，因此，妥善收集和处理煤层气，对于减少环境污染、降低温室效应、改善大气环境具有不可估量的经济效益和环境效益。

煤层瓦斯又是影响煤矿安全生产及井下工作人员生命安全的主要杀手。我国煤矿中，约 48%的矿井为高瓦斯矿井或煤与瓦斯突出矿井，我国矿井每年发生数百起瓦斯灾害事故，为世界之最。此外，煤与瓦斯突出的规模很大。随着国家与有关部门的重视，我国煤矿事故逐渐减少，鉴于其危害性大、造成的损失难以估量，所以对于煤矿事故，尤其是瓦斯引起的一系列煤矿事故更加需要认真预防和治理。

总的来说,煤层瓦斯既是一种洁净、热值高、污染低的高效新能源,有着广阔的应用前景,也是影响煤矿安全生产和威胁井下工作人员生命健康安全的主要杀手,是井下瓦斯爆炸及煤与瓦斯突出事故的根源,此外,煤层瓦斯未经专门净化处理即放空到大气之中,会造成较为严重的环境污染和温室效应。因此,提高煤层瓦斯渗透率、抽采煤层瓦斯不失为预防和减少煤与瓦斯突出事故的好办法。由于我国煤矿开采煤层大多属于石炭二叠纪煤层,煤层透气性较低,多为低渗透性煤层,另外,天然煤体是一种含有孔隙和裂隙的多孔介质,煤体内微孔的吸附瓦斯量较高,且在煤层瓦斯抽采过程中难以解吸脱附,这些因素使得我国煤层瓦斯抽采率普遍偏低。因此,增加煤层透气性、促进煤体内微孔瓦斯解吸、加速瓦斯扩散,成为提高煤层瓦斯抽采率的关键。

瓦斯产出是一个复杂的解吸-扩散-渗流过程,为提高瓦斯抽采效率,人们尝试通过对这一过程的储层物理性质和地质环境给予一定人为干扰和积极导向来强化瓦斯抽采,从而提出密集钻孔抽采、水力压裂、深孔爆破、水力冲孔、水力割缝等强化瓦斯抽采的力学方法以及注气驱替等非力学方法。密集钻孔抽采会增加工程量和成本,增透效果有限;水力压裂受限于煤层的构造,不容易控制裂隙的方向,且封孔比较困难;深孔爆破线路连接较复杂,工艺较难掌握,控制不当极易诱发瓦斯突出;水力冲孔及水力割缝可以提高煤层的渗透性,但在实施过程中会排出大量瓦斯,容易诱发瓦斯突出;注气驱替效果明显,但气源和经济性使其应用范围十分有限。由于瓦斯抽采问题的复杂性以及上述方法本身存在的缺陷,低渗透性煤层瓦斯抽采难题至今没有得到很好的解决。

20 世纪 80 年代开始,国内外学者开始尝试使用声、电、磁等外加物理场激励作用于瓦斯抽采过程,以期找到促进瓦斯抽采的简单有效非力学方法,并就此开展了室内研究工作。研究发现,声场产生的机械振动和温度效应对煤样瓦斯的解吸渗流均有一定的促进作用;电场作用下瓦斯产生电动效应,能降低煤对瓦斯的吸附能力,减少吸附瓦斯量,增加瓦斯的动能,促进煤中瓦斯的渗流;低频电磁场作用于煤体产生的热效应可以提高煤体温度,同时电磁场作用可以降低煤表面的吸附势阱深度,两方面综合作用使得煤对瓦斯的吸附能力减弱,吸附量降低。可以看出,尽管上述几种物理场对煤与瓦斯系统产生的效应存在差异,但对煤与瓦斯系统的影响基本上是一致的,即在一定程度上具有促进煤中瓦斯解吸、运移的作用。

微波电磁场也是一种物理场。微波由于具有频率高、波长短、穿透性强等其他电磁波所不具有的特征而被称为一种特殊的电磁波。微波是指频率在 300 MHz～300 GHz 范围内的电磁波,对应波长为 0.001～1 m,其频率比一般的无线电波频率高,通常也称为"超高频电磁波"。微波具有穿透、反射、吸收三种特性。当遇到介于绝缘体与金属之间的电介质材料时,微波被吸收,致使极性分子以 $2.45\times10^{9}$ 次/s(目前常用的微波加热频率为 2 450 MHz)的频率发生振荡,互相摩擦产生热量,这一过程称为微波加热。微波加热不需要经过热传导,属于整体加热,具有升温速度快、加热均匀的特点,这也是微波的一个显著特点。微波可选择性加热的特点,使得煤体中不同的矿物组分由于其介电性的不同而被不同程度地加热,煤体内部产生热梯度,不同的矿物组分有着不同的热膨胀系数,因此会使不同矿物组分界面间产生热应变,诱导热应力和裂隙的产生。

根据温度及电磁场对煤体吸附、解吸及渗透性影响的研究成果,结合微波技术的特点,可推测微波极有可能具有促进瓦斯解吸、增大煤体渗透性的作用。为证明这一结论,同时为找到一种新的物理场激励瓦斯的方法，通过理论分析、数值模拟及物理实验相结合的方法，系统研究了微波辐射激励煤体瓦斯解吸运移规律及机理。研究成果可丰富外加物理场对煤体瓦斯解吸影响的理论体系，有望为促进瓦斯解吸、提高煤体瓦斯渗透性寻找出一种新的技术思路，对于促进微波技术在瓦斯灾害防治领域的应用、提高低透气性煤层瓦斯抽采效率、促进瓦斯灾害防治、确保矿井安全生产具有重要的理论与现实意义。

## 1.2　国内外研究现状

### 1.2.1　瓦斯解吸理论体系介绍

煤是多孔介质，是一种具有基质孔隙和天然裂隙双重构造的天然吸附体。其内部具有高度发达的孔隙结构，并且以微孔和小孔发育最为良好。成煤过程中生成的瓦斯气体主要以吸附态、游离态存在于煤体中。通常，吸附态瓦斯和游离态瓦斯在煤体中处于动态平衡状态，当煤层受到扰动或外部条件发生变化时，吸附态瓦斯就会发生解吸，并由高压区域向低压区域扩散流动。国内外学者针对煤层瓦斯解吸特性进行了大量的理论和实验研究，并提出了一系列理论体系和获得了众多研究成果。

前人经过长期的理论和实验研究，将解吸大体分为以下几类：降压解吸、升温解吸、置换（注气）解吸及物理场诱导解吸等。瓦斯气体在煤体中的扩散有以下四种形式：一般的菲克（Fick）扩散、诺森（Knudson）扩散、表面扩散及晶体扩散。后人在继承这些形式的基础上，又相继提出了各自的理论体系。

J.Crank 根据扩散理论得出了解吸量与解吸时间的关系表达式：

$$\frac{Q_t}{Q_\infty}=1-\mathrm{e}^{-\lambda\sqrt{t}} \tag{1-1}$$

式中，$\lambda=\frac{12}{d}\sqrt{\frac{D}{\pi}}$；$Q_t$ 为从开始到 $t$ 时刻的累计瓦斯解吸量，$cm^3/g$；$Q_\infty$ 为极限瓦斯解吸量，$cm^3/g$；$d$ 为煤粒直径，cm；$t$ 为解吸时间，min；$D$ 为扩散系数，$cm^2/min$。

M.Mastalerz 等研究发现，煤体瓦斯解吸量受煤层瓦斯含量、解吸时间、外部温度条件、吸附平衡压力及煤样的粒径等诸多因素的影响和制约：

$$Q_t=\frac{v_1}{1-K_t}t^{1-K_t} \tag{1-2}$$

式中，$Q_t$ 为从开始到 $t$ 时刻的累计瓦斯解吸量，$cm^3/g$；$v_1$ 为 $t=1$ min 时的瓦斯解吸速度，$cm^3/(g\cdot min)$；$t$ 为解吸时间，min；$K_t$ 为瓦斯解吸速度变化特征指数。

式(1-2)中，$K_t$ 不能等于 1。在瓦斯解吸的初始阶段，计算值与实测值较为一致；但当解吸时间 $t$ 很长时，计算值与实测值之间的误差有增大的趋势。

有关学者通过在井下采煤现场进行验证，认为解吸过程中前 10 h 的煤体瓦斯解吸量与吸附平衡时的含气量呈正比例关系，该方法至今仍被广泛应用，主要用于采煤过程中瓦斯损失量的估算。其表述形式如下：

$$\Delta G_{\mathrm{cm}}=\left(203.1\,G_{\mathrm{ci}}\sqrt{\frac{Dt}{r_0^2}}\right)-G_{\mathrm{cL}} \tag{1-3}$$

式中，$\Delta G_{cm}$为实验过程中瓦斯解吸量，$cm^3/t$；$G_{ci}$为煤体中吸附平衡时的瓦斯含量，$cm^3/t$；$D$为扩散系数，$cm^2/min$；$t$为解吸时间，min；$r_0$为煤粒半径，cm；$G_{cL}$为解吸过程中瓦斯损失体积，$cm^3/t$。

D.M.Smith和F.L.Williams于1981年提出了一种新的解吸计算方法——Smith-Williams解吸法。这个方法适用于计算含泥浆煤介质的瓦斯解吸量，它是美国矿业局提出的直接法的改进方法。该法在计算瓦斯压力低、样品质量小的条件下的瓦斯解吸量时相对较准确，而在计算瓦斯含量高且样品质量大的情况下的瓦斯解吸量时误差相对较大。基于此，R.S.Metcalfe等于1991年通过实验研究总结出了一种相对精确的瓦斯损失量求取方法——曲线拟合法。其描述方程如下：

$$Q_t = Q_{LD}\left(1-\frac{6}{\pi^2}e^{-\pi^2 Dt}\right) \tag{1-4}$$

式中，$Q_t$为从开始到$t$时刻的累计瓦斯解吸量，$cm^3/t$；$Q_{LD}$为从开始到$t$时刻的累计瓦斯解吸量和瓦斯损失量之和，$cm^3/t$；$D$为扩散系数，$cm^2/s$。

程五一等提出了煤体瓦斯解吸量与解吸时间的双曲线表达式：

$$Q_t = Q_\infty \frac{Bt}{1+Bt} \tag{1-5}$$

式中，$Q_t$为从开始到$t$时刻的累计瓦斯解吸量，$cm^3/g$；$Q_\infty$为极限瓦斯解吸量，$cm^3/g$；$t$为解吸时间，min；$B$为常数，是与煤变质程度相关的参数，$min/cm^3$。

杨其銮等推导出基于特定初始条件和边界条件的煤屑瓦斯涌出扩散模型，其方程为：

$$\frac{Q_t}{Q_\infty} = 1-\frac{6}{\pi^2}\sum_{n=1}^{\infty}\frac{1}{n^2}e^{-n^2 Bt} \tag{1-6}$$

式中，$B=\frac{\pi^2 D}{r_0^2}$；$D$为扩散系数，$cm^2/min$；$r_0$为煤粒半径，cm；$Q_t$为从开始到$t$时刻的累计瓦斯扩散量，$cm^3/g$；$Q_\infty$为极限瓦斯扩散量，$cm^3/g$。

对式(1-6)进行拉普拉斯变换，可得到国内外使用解吸法确定煤层瓦斯含量时常用的经验公式：

$$\frac{Q_t}{Q_\infty} = \frac{12}{d}\sqrt{\frac{Dt}{\pi}} = K\sqrt{t},\ K=\frac{12}{d}\sqrt{\frac{D}{\pi}} \tag{1-7}$$

郭勇义等建立了基于长时间解吸的第三类边界条件下的煤粒瓦斯扩散方程：

$$\frac{Q_t}{Q_\infty} = 1-\sum_{n=1}^{\infty}A\exp(-Bt) \tag{1-8}$$

式中，$A=\frac{6\,(\sin\beta_n-\beta_n\cos\beta_n)^2}{\beta_n^2(\beta_n^2-\beta_n\sin\beta_n\cos\beta_n)}$；$B=\frac{\beta_1^2 D}{r_0^2}$。

学者R.M.Barrer根据瓦斯在天然沸石中的吸附过程，得到在解吸过程中，累计瓦斯解吸量与极限瓦斯吸附量的比值与解吸时间的二次方根呈正比例线性关系的结论，其具体描述方程为：

$$\frac{Q_t}{Q_\infty} = \frac{2S}{V}\sqrt{\frac{Dt}{\pi}} \tag{1-9}$$

式中，$Q_t$为从开始到$t$时刻的累计瓦斯解吸量，$cm^3/g$；$Q_\infty$为极限瓦斯吸附量，$cm^3/g$；$S$为单位质量煤体的比表面积，$cm^2/g$；$V$为单位质量煤体的体积，$cm^3/g$；$t$为解吸时间，min；$D$

为扩散系数，$cm^2/min$。

### 1.2.2　煤体物理特性对煤中瓦斯解吸特性影响研究现状

煤中瓦斯解吸过程是一个动态过程，它包括微观和宏观两重意义。在原始条件下，煤基质表面或微孔隙内表面上的吸附态瓦斯与裂隙系统中的瓦斯处于动态平衡状态。当外界压力发生变化后，平衡被打破，当外界压力小于瓦斯的临界解吸压力时，吸附态瓦斯便开始解吸：首先，煤基质表面或微孔隙内表面上的吸附态瓦斯发生脱附，即微观解吸；其次，脱附气体在浓度差的压力作用下经基质向裂隙中扩散，即宏观解吸；最后，在压力差的推动作用下，扩散至裂隙中的游离态瓦斯气体继续做渗流运动。此三个过程便形成一个有机的统一体，相互促进，彼此制约。

煤中瓦斯解吸过程受诸多内部和外部因素的综合影响。其中，影响煤中瓦斯解吸的物理因素包括压力、温度、水分、煤质、煤孔隙结构及粒径等。国内外学者针对这些影响因素做了大量的理论和实验研究。

康建宁通过实验测定了煤的吸附压力变化对瓦斯放散初速度的影响。结果表明，吸附压力变化对瓦斯放散初速度影响较大，吸附压力越大则瓦斯放散初速度越大，吸附压力越小则瓦斯放散初速度越小，即吸附压力与瓦斯放散初速度呈正相关关系。王兆丰研究得出，当粒径一定时，煤样的瓦斯解吸速度随吸附平衡压力的增大而增大，煤样吸附平衡压力与煤的瓦斯解吸速度之间存在正相关关系。张洪良研究表明，在吸附平衡压力和解吸时间一致的条件下，解吸负压越高，累计瓦斯解吸量越大，负压条件对瓦斯解吸起促进作用；且随着负压的升高，累计瓦斯解吸量的增幅逐渐减小，当负压升高到某一定值时，瓦斯解吸量便不再增大，即负压对瓦斯解吸的影响存在临界值。

马东民等通过对煤样吸附/解吸实验的分析认为：随着储层温度升高，煤层饱和吸附量减小，从而说明通过提高储层温度来促进解吸在理论上是可行的。李晓伟等通过在同一实验条件下，对不同温度条件下的煤样进行瓦斯放散初速度实验研究，得出瓦斯放散初速度和温度差值存在二次项关系，并且温度越高瓦斯放散初速度越小的结论。王兆丰等对不同压力低温环境条件下煤样瓦斯解吸规律开展实验研究。结果表明，温度对煤样瓦斯的解吸量影响明显，随温度的降低，煤的瓦斯解吸量减小，即降低温度可以抑制瓦斯解吸，且温度越低，抑制解吸效果越明显；另外，瓦斯压力增大，会削弱低温环境对煤样瓦斯解吸抑制效果。王轶波等通过实验研究了三个不同温度条件下的煤样瓦斯解吸规律，结果表明：在常温条件下，煤样瓦斯解吸量的增加趋势随解吸时间的延长逐渐减缓，即瓦斯解吸速度随解吸时间的延长缓慢下降；经冷冻后恒温条件下煤样瓦斯解吸规律与常温条件下基本一致，不同点在于瓦斯解吸量相对较小；经冷冻后变温条件下的煤样瓦斯解吸量与解吸时间平方根之间基本呈线性关系。这表明低温条件下煤样瓦斯解吸速度相较常温和变温条件下要慢得多。

聂百胜等利用水蒸气吸附法对煤样进行瓦斯解吸扩散实验，结果表明：水分对煤样瓦斯解吸扩散过程具有明显抑制作用，在水分作用下，煤样瓦斯解吸能力明显降低；煤样的极限瓦斯解吸量、瓦斯放散初速度、瓦斯初始扩散系数均随水分的增加而减小。王兆丰等对阳泉无烟煤注水及瓦斯解吸过程进行实验室模拟测试，结果显示：在同样的吸附平衡压力和解吸时间条件下，煤样水分越大，其累计瓦斯解吸量越小，水分对瓦斯解吸具有抑制作用；当煤样水分达到一定值时，其瓦斯解吸量便不再发生变化，即水分对煤样瓦斯解吸量的影响存在临界值。陈向军研究表明：水分对煤样瓦斯解吸具有抑制作用。当煤样水分由0.05%增加至8.39%时，煤样瓦斯最大解吸量由 12.525 mL/g 降至 4.284 mL/g，降低了 65.8%，初始瓦斯解吸速度由 2.07 mL/(g·min)降低至 0.33 mL/(g·min)，降低了 84.06%，外加水分对煤的最大抑制瓦斯解吸率为 42.48%；瓦斯解吸指标随水分的增加呈对数式减小，这表明增加煤层水分，能够有效降低煤层瓦斯解吸指标值。在实验条件下，当水分大于 5.19%时，钻屑瓦斯解吸指标 $K_1$值降至消突临界值 0.5 mL/(g·$min^{1/2}$)以下。这表明采用煤层注水方式降低和消除煤层瓦斯突出危险性是可行的。

陈向军等研究表明，吸附平衡压力、煤的破坏类型、煤样粒径及解吸时间是影响粒煤瓦斯解吸的主要因素。当吸附平衡压力一样时，煤样粒径越小，相同解吸时间内的瓦斯解吸量越大。王占立等通过高压容量法对不同粒径煤样吸附解吸数据进行测定，结果表明，煤样粒径的大小直接反映了瓦斯吸附解吸的路径长短及阻力大小，煤样粒径越大，瓦斯吸附解吸的路径越长，吸附解吸时间就越长。煤样粒径还会影响煤的比表面积，但实验表明其对煤样的瓦斯吸附解吸基本无影响。刘彦伟等采用物理模拟实验的方法，研究了软、硬粒煤瓦斯扩散速度和扩散系数随粒径的变化规律，结果表明：当粒径大于或等于硬煤的极限粒径时，软、硬煤瓦斯扩散初速度差值和扩散系数比值达最大值，且基本趋于稳定；当粒径小于硬煤的极限粒径时，软、硬煤瓦斯扩散初速度差值和扩散系数比值随粒径的减小而减小；当粒径减小为原始粒径时，软、硬煤瓦斯扩散初速度和扩散系数几乎没有差异。

### 1.2.3 外加物理场对煤中瓦斯吸附解吸特性影响研究现状

此外，许多学者针对外加物理场对煤中瓦斯解吸特性的影响作了大量研究。外加物理场主要包括温度场、声场、电场、电磁场、微波场等。

(1) 温度场对煤中瓦斯吸附解吸特性的影响

瓦斯分子与煤表面分子的相互作用能之和构成煤表面的吸附势阱深度。由热力学理论可知，当煤与瓦斯体系的温度升高时，气体的无规则运动加剧，分子之间的碰撞加强，而且吸附分子的动能增大，获得大于吸附势垒的机会增多，在煤表面停留的时间减少，吸附量降低。对 1999 年以来多位学者进行的煤中瓦斯吸附特性与温度关系实验的统计分析表明，29 组实验中有 28 组得出了煤中瓦斯吸附量随温度的升高而降低的结论。

温度对煤中瓦斯解吸影响实验表明，温度升高使得甲烷分子动能增大，煤对瓦斯的吸附能力降低，有利于瓦斯从煤中解吸出来。随着温度的升高，瓦斯解吸量增大，温度降低会抑制解吸作用，温度增高比压力降低对解吸作用的影响要敏感得多。而且升温速率越快，煤体解吸出的吸附气体越多。储层温度增加，一方面可以促进瓦斯解吸量的增加，另一方面可提高瓦斯解吸速率，最终促进瓦斯解吸作用。

(2) 声场对煤中瓦斯吸附解吸特性的影响

易俊等研究了交变声场作用下煤中瓦斯吸附解吸特性，研究表明，声场具有热效应，能够使煤体温度升高，进而使煤的吸附量明显减少，煤的吸附能力大大降低，煤的瓦斯吸附量随声波强度的增大而减小。易俊等着重研究了声震法促进煤的瓦斯解吸机理，研究表明，声波作用能提高煤体表面势能，降低瓦斯被吸附的概率；声场可以降低煤对甲烷分子的吸附能力，使煤对瓦斯的吸附量降低。同时，易俊等指出声场作用主要是其热效应和机械振动二者叠加作用的效果。姜永东等研究了超声波热效应及超声波作用对煤中瓦斯解吸特性的影响。研究结果表明，超声波能够产生声能并将其转化为煤体的热能，造成煤体温度升高；另外，超声波产生的机械振动作用能够减弱煤体对瓦斯的吸附力，进而使煤体瓦斯解吸扩散加剧。李建楼研究得出，声波作用能够破坏煤体内的黏结力，使煤体裂隙宽度增加，进而使煤体渗透性得到提高；当煤体裂隙发育结束之后，声波对于提高煤体渗透性的作用便显得很微弱。声波作用于煤体，能使其有效应力呈对数规律减小。声波在传播过程中的部分能量转化为热能，一方面能够使瓦斯膨胀，另一方面可促进煤体中吸附态瓦斯解吸，进而提高煤体内部瓦斯压力，使得瓦斯向煤体外部运移。

(3) 电场对煤中瓦斯吸附解吸特性的影响

易俊等研究了交变电场作用下煤中瓦斯吸附解吸特性，指出在交变电场的作用下，煤样吸附瓦斯规律遵循朗缪尔方程，且随着交变电场电压的升高，煤的吸附常数 $a$ 差别不大，而吸附常数 $b$ 不断减小。交变电场能够减弱煤的吸附和解吸能力，从而减慢煤的瓦斯解吸过程。贾存华等通过自主研制的实验装置研究了高压变频电场对煤中瓦斯解吸的影响。研究表明，在高压变频电场条件下，瓦斯等温解吸线很好地遵循了朗缪尔方程，随着实验压力的增大，瓦斯解吸量以指数形式升高；另外，电场频率越高，煤的瓦斯解吸量越大，40 kHz 条件下的瓦斯解吸量比 10 kHz 条件下的瓦斯解吸量高就很好地说明了这一点。

(4) 电磁场对煤中瓦斯吸附解吸特性的影响

一些学者开展了低频(频率低于 8 MHz)电磁场作用下粒煤瓦斯吸附解吸实验。结果表明，在吸附阶段施加交变电磁场能够减少粒煤瓦斯吸附量，增加瓦斯放散速度，在解吸放散过程中施加交变电磁场能够增加瓦斯放散量，加快瓦斯解吸放散速度；正弦波电磁场能使吸附常数 $b$ 明显减小；交变电磁场能减弱煤的吸附能力，使煤的总吸附量减少。电磁场的温度效应和表面势阱效应可使煤与瓦斯系统的温度升高，扩散系数增大，煤表面吸附势阱变浅，从而提高煤的瓦斯放散速度。许考等用高压容量法对无烟煤在不同频率交变电磁场条件下的解吸特征进行了研究。结果表明，在不同频率交变电磁场影响下，煤吸附 $CO_2$、$N_2$ 均符合朗缪尔方程，煤的吸附能力减弱，吸附常数 $b$ 减小，而吸附常数 $a$ 基本保持不变。许考等认为交变电磁场改变煤体瓦斯吸附解吸特性的根本原因在于，交变电磁场改变了煤体的表面性质，并认为这是一种典型的表面改性现象。何学秋等研究表明，电磁场对煤体瓦斯吸附解吸特性有明显影响；并指出了电磁场的两个作用，其一是电介质的损耗能够提高体系温度，其二是可降低煤表面吸附势阱深度，二者综合作用使煤的瓦斯吸附量减少，煤的扩散系数增大，进而提高了煤的瓦斯放散速度。

(5) 微波场对煤中瓦斯吸附解吸特性的影响

国内外专家学者针对微波技术在煤矿领域的应用做了大量实验研究。董超等利用工业微波炉对煤样进行了离线微波作用研究，研究结果表明，煤样的孔隙率和渗透容积均随微波作用时间的增加表现出先增大后减小的趋势；而煤样的吸附容积变化规律正好相反，表现出先减小后增大的趋势。当微波作用到某一时刻时，煤样的孔隙率、吸附容积和渗透容积均达到极值，此时煤中瓦斯的运移、渗透和扩散效果最好。晋明月研究表明，煤样的微孔和小孔随微波作用时间的加长而增多，且体积逐渐增加，煤的孔隙率呈先减小后增大的趋势，恰好与董超的研究结论相反。胡国忠等开展了无可控微波场作用和可控微波场作用后的煤样瓦斯吸附解吸特性实验，结果表明，经微波场作用后的煤样吸附瓦斯规律很好地遵循了朗缪尔方程。微波场作用对煤的孔隙结构与瓦斯吸附特性的影响不随微波场消失而消失，而表现为微波场对煤体的改性作用，微波场使煤体瓦斯吸附能力减弱。微波场对煤中瓦斯吸附解吸作用表现为微波场的电磁辐射热效应及微波场的选择性作用特性造成的煤体损伤效应的综合作用。温志辉等研究表明，随微波作用时间增加，煤样在得到加热的同时其孔隙结构发生了改变；在相同吸附平衡压力条件下，各实验煤样在微波作用 3 min 和 5 min 时瞬间解吸量和累计解吸量都出现了“拐点”，呈现先增大后减小再增大的趋势，并且微孔的比表面积和孔隙体积也呈现如上规律，从而认为微波热效应是煤中瓦斯吸附解吸的重要影响因素。

## 1.3　本书主要研究内容

本书通过理论分析、数值模拟及物理实验相结合的方法，系统研究了微波辐射激励煤体瓦斯解吸运移机理及应用，主要研究内容如下：

(1) 微波辐射下煤体电磁-热-流-固耦合机理

构建了微波辐射下煤体电磁-热-流-固耦合模型，研究了微波辐射下煤体内部电磁场、温度场演化规律，分析了微波频率、微波源开启方式、微波功率等变量对各物理场演化的影响。

(2) 微波间断加载下煤中甲烷解吸响应特征

开展微波间断加载下煤中甲烷解吸实验，对比分析相同功率不同微波作用时间条件下煤样累计甲烷解吸量及解吸速率。开展微波间断加载与等效升温条件下煤中甲烷解吸对比实验，对比分析微波作用与等效升温对煤中甲烷解吸特性的影响。

(3) 微波连续加载下煤中甲烷解吸响应特征

进行微波连续加载下煤中甲烷解吸实验，对比分析不同功率微波连续加载下甲烷解吸规律。通过微波连续加载与最高温度条件下煤中甲烷解吸对比实验，进一步分析微波作用与等效升温对煤中甲烷解吸特性的影响。

(4) 微波间断加载与微波连续加载下煤中甲烷解吸扩散动力学规律

分析了用于描述瓦斯解吸扩散动力学规律的经典扩散模型和动扩散系数模型。对微波间断加载与连续加载下煤中甲烷解吸动力学规律进行了分析，研究了微波辐射下煤中甲烷扩散系数变化规律。

(5) 微波间断加载与微波连续加载对煤中甲烷解吸影响

以相同微波输入能量为基准，对比分析微波间断加载与微波连续加载两种加载模式下不同微波功率和加载时间对煤中甲烷解吸的影响。对比微波间断加载与微波连续加载条件下甲烷的解吸量、解吸速率和扩散系数，为在实际煤层气开采过程中选择最合适的微波加载模式辅助煤层气开采提供参考。

(6) 微波辐射对煤中甲烷解吸促进作用及机理

探讨了微波能对煤中甲烷解吸的影响规律。详细分析了微波热效应、微波加载对煤孔隙结构的影响以及微波选择性加热引起的煤体损伤效应。

(7) 微波辐射在强化煤层气(页岩气)产出中的潜在应用

研究了微波辐射在强化煤层气和页岩气产出方面的潜在应用，探讨了微波辐射系统组成及结构。利用 COMSOL 模拟软件建立电磁-热-流-固耦合数值模型，进一步分析微波辐射对煤体渗透性和瓦斯运移的影响。

# 2 微波技术原理

## 2.1 微波概述

自然界中所有温度在绝对零度以上的物质均可发射电磁波，它是一种以波的形式在空间传播的振荡粒子波。微波是指波长/频率在一定范围内的电磁波，相应的波长、频率范围分别为 0.001～1 m、0.3～300 GHz，对应的能量值要比无线电波的高。不同波段的电磁波频谱如图 2-1所示，目前微波已广泛应用于卫星通信、遥感、广播、雷达等领域。

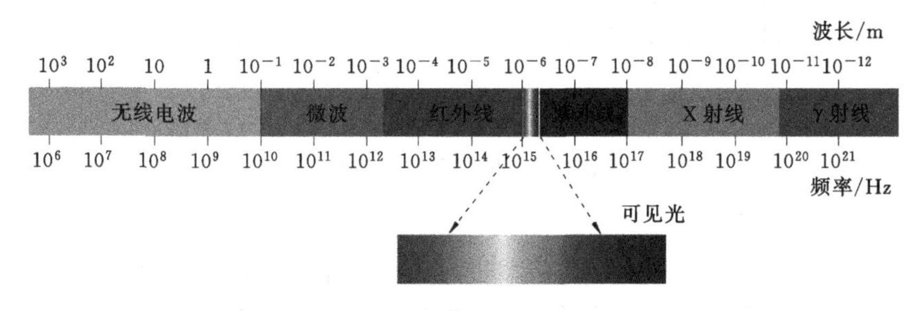


图 2-1 电磁波频谱

国际无线电通讯协会为防止通信领域中不同波段电磁波相互影响，对不同领域的电磁波应用范围进行划分，其中按频率可分为：L 段(0.89～0.94 GHz)、S 段(2.4～2.5 GHz)、C 段(5.725～5.875 GHz)、K 段(22～22.25 GHz)。用于微波加热的电磁波频率主要有0.915 GHz和 2.45 GHz。

## 2.2 微波热效应

### 2.2.1 微波加热原理

微波属于高频电磁波，它并非加热物体单元，物体温度的升高是通过对微波有介电响应的电介质中能产生偶极矩或带有电荷的微观粒子的介电损耗实现的，当电介质材料受到外部电磁场作用时，能在内部形成偶极矩非零的电极化现象。图 2-2 展示了电介质极化的主要类型，界面极化、偶极子转向极化、原子极化和电子极化是常见极化类型。在微波波段内，电磁场交变周期一般为 $10^{-12}$～$10^{-9}$ s，界面极化和偶极子转向极化滞后时间在 $10^{-10}$～$10^{-2}$ s之间，而原子极化和电子极化的滞后时间小于 $10^{-12}$ s，因此，界面极化和偶极子转向极化是微波加热物体的主要形式,其加热原理为:当频率较低时,电介质中极化分子会随交变电磁场同步运动,当经 0.3 MHz 以上的高频电磁波作用时,电场方向改变速率可达数万亿次每秒,偶极子转向极化会出现弛豫时间,材料内部分子因剧烈摩擦而产生大量热量,储存的电场能转化成热能,因此当电磁波频率增大时,材料的介电损耗会降低。

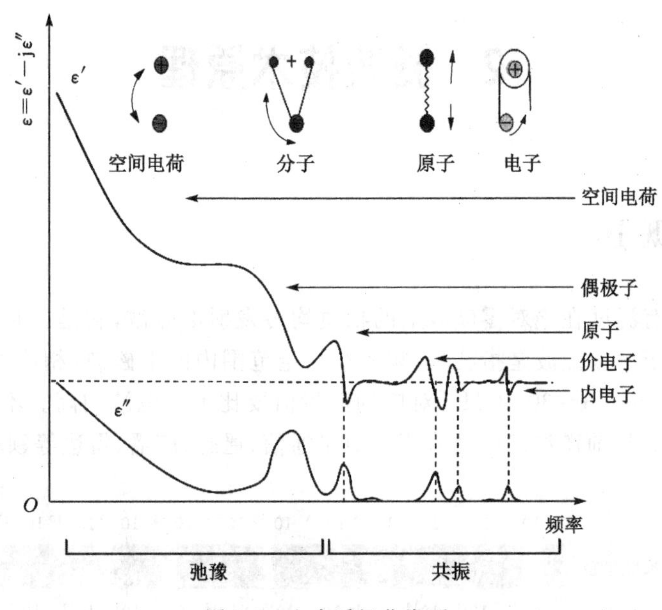


图 2-2　电介质极化类型

电磁波加热物体有三种方式,即电阻加热、介电加热和感应加热。物质在小于 0.3 MHz 的低频电磁波下受热时,电阻加热为其主要加热方式;而 0.3 MHz～300 GHz 的高频电磁波则属于介电加热,这种方式的加热原理分为两种,即离子导电产热和偶极子转向极化产热,微波加热煤体是通过偶极子转向极化产生热量的;感应加热主要利用电磁感应作用在金属材料中产生的磁滞损耗以及涡电流损失的热能来加热工件。从量子力学角度看,电介质如金属氧化物中不同能级的运动分子吸收相应能量的微波能发生跃迁,因此它能吸收不同波长的微波;而生橡胶、聚四氟乙烯、陶瓷等非极性材料(微波透明体)不吸收微波,但能被微波完全透射;用作微波腔体和波导的金属只反射微波,属于微波绝缘体。

### 2.2.2　微波技术特点

图 2-3 是不同加热方式的物体受热情况。由图 2-3 可以看到,常规加热中,受热物体放置于容器中央,外围两侧加热单元产生热量,受温差驱动热量经过容器壁面传导、热对流传到物质表面,这种方式加热时间长,热耗散大;而微波加热时物体经介电损耗将传入的微波能转化成热能,热量直接在物体内部产生。相比常规加热方式,微波加热物体具有以下优点。

(1) 即时性:微波传播速度等于光速,打开微波源开关,可实现对物体的即时加热,并且微波输入参数易于调控,便于间断和连续加载。

(2) 高效性:常规加热时物体须经过不同换热方式如热对流、传导,加热时间较长,而微

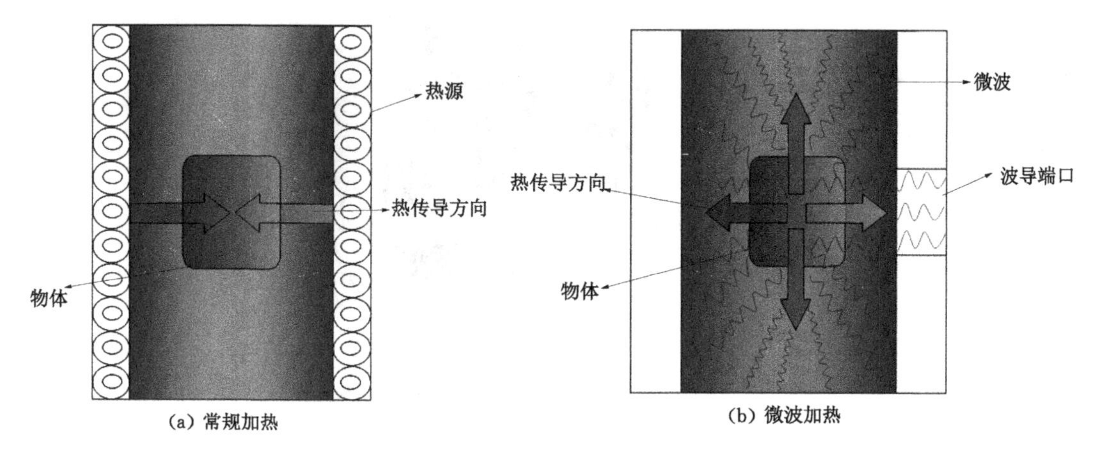


图 2-3　微波加热与常规加热对比情况

波加热不需要经历这些传热过程，热量直接在物体内部由微波能转化，且热量不易散失。

(3) 整体性：微波具有较强的穿透性，并且热量的产生由物质自身转化，从而实现物体内外、表里统一受热，物体整体温度升高，其与周围空气温度差异很大，形成热量由内向外传递的情况，这与常规加热方式正好相反。

(4) 选择性：当加热混合组分物体如煤时，其内部矿物质、水吸波和热量转化能力强，从而导致物质体系中局部温度上升很快，而介电损耗小的组分温度较低，物质整体受热程度不同。

(5) 环保性：磁控管产生的微波经波导传入加热腔，后由物料介电损耗产生热量，其间无加热单元和壁面热量补充，仅有电能消耗，受热物质未受其他气体污染，且不产生有害物质，因此使用微波加热环保可靠。

### 2.2.3　微波对煤加热机理

图 2-4 为微波对煤加热示意。天然煤为典型的吸波介质，当微波透过煤基质传到微波吸收体时，微波能加速衰减，衰减程度用损耗功率表述。煤体内部极性分子如水分子、极性基团会在交变电场作用下产生偶极矩，尤其是水分子，由于自身结构形态和相应的弛豫时间，其旋转频率加大，分子间相互摩擦产生的热量增多，并以热传导、对流的传热形式向周围煤基质散热，煤表面水分吸热散失促使内外温差增大，从而使内部水分的迁移速率增大。温度的升高有助于降低瓦斯与煤体的吸附势阱深度，从而利于瓦斯解吸。

### 2.2.4　煤体介电性质影响因素

煤体属于多组分混合物，其内部各部位性质均不相同。当微波对煤介质加热时，煤体的各向异性使得不同区域的介电响应不同，而介电性质直接影响微波加热效果。以下对煤体介电性质影响因素进行简单叙述。

(1) 水分

当微波输入功率为 2.45 GHz 时，常温条件下煤介质和水的介电常数分别为 4、80，损耗系数分别为 0.06、24，可见水分对微波的介电响应很大，煤体介电响应能力随水分增多而不

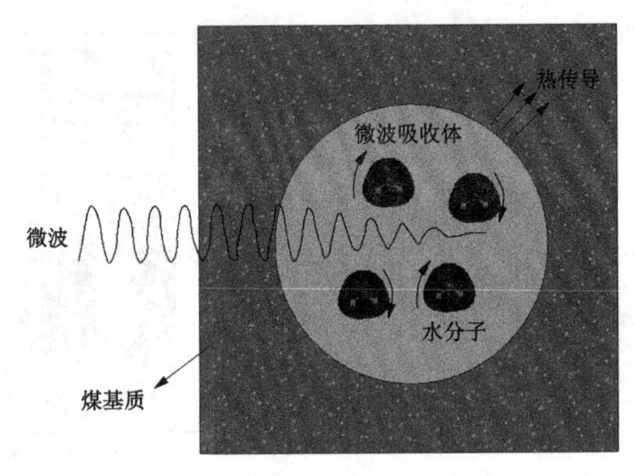


图 2-4　微波对煤加热示意

断提升。

图 2-5 是水分分别为 15%、21% 的长焰煤和褐煤煤样与经过干燥之后两者煤样的升温曲线。由图 2-5 可知：未经过干燥的两类煤样相比干燥的煤样升温速率明显加快，这说明含有一定的水分有助于提高微波吸收能力，使煤体介电损耗增大，同时游离水可促使离子传导，从而进一步提升煤体整体介电性能；但是当水分增大到一定量时，蒸发引起的吸热量增大会使温升速率更平缓。

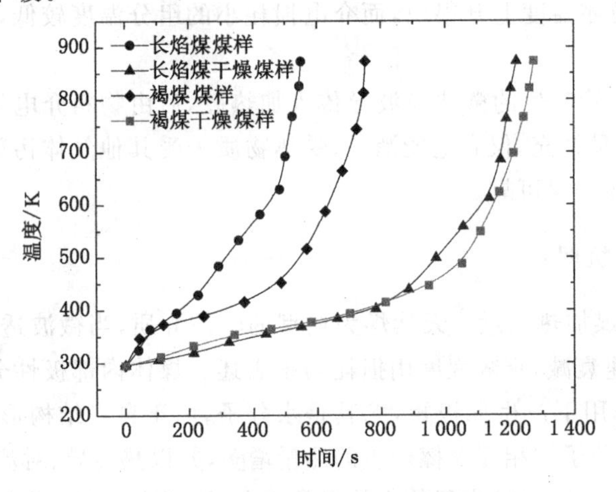


图 2-5　水分对煤升温特性的影响情况

(2) 矿物质

如前所述，界面极化和偶极子转向极化是微波加热物体的主要形式，由于不同类别的矿物组分相互混合，当煤体中矿物质含量增多时，微波作用引起的界面极化和电荷极化、位移极化等极化能力增强，同时煤体整体温度持续升高会促使各类矿物成分发生溶解、迁移及多种物理化学反应，从而导致煤体介电性质的变化。

图 2-6 为不同矿物质的复相对介电常数分布情况。由图 2-6 可以看出：黄铁矿的复相对介电常数的实部和虚部均居首位，因此黄铁矿含量高的煤体介电性能好，热转化效率高；高岭石的介电性能弱于长石，这两类矿物成分所占比例增大也会增强煤介质介电响应能力；

石英、石膏类组分介电损耗小，尤其是石英类组分几乎不受微波作用影响，这两类矿物质均可减弱煤体吸收微波能力；而方解石主要混杂镶嵌在煤体空隙中，从而有利于界面极化，同时该类组分介电常数大，微波储存能力高，尽管损耗系数小，但仍可提升煤体产热能力。

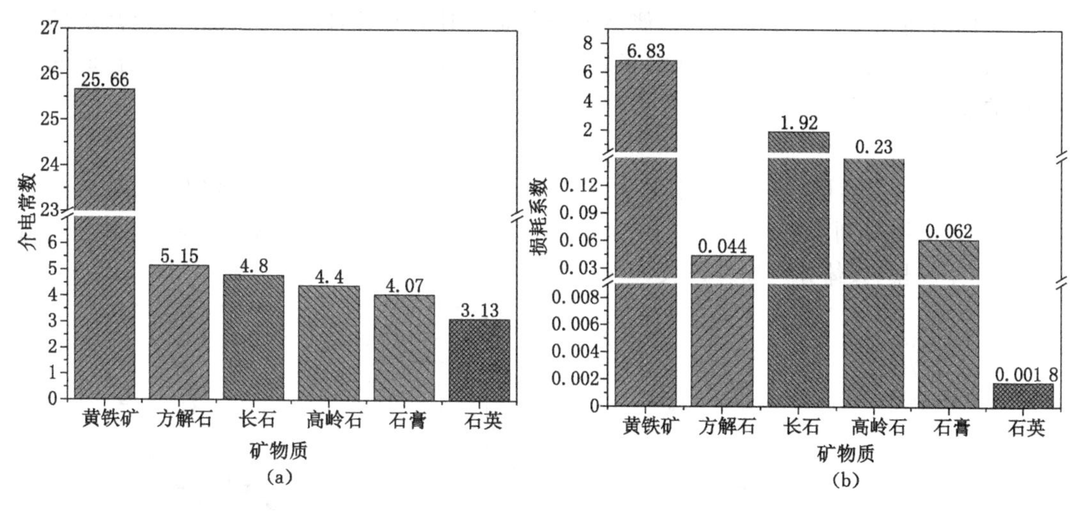


图 2-6 不同矿物质复相对介电常数

(3) 煤变质程度

煤变质程度是影响其介电性质的重要因素之一，变质程度不同的煤体，其结构也不相同，煤变质程度可用碳含量表述。图 2-7 给出了煤体复介电常数随煤体碳含量的演化规律，从中可知，煤体碳含量增加时，煤体介电性能并非单调线性上升，当碳含量在 87%附近时曲线出现拐点，这是因为变质程度低的煤体结构中烷烃侧链和含氧官能团数量多，在微波场中的分子转向极化能力较强，当煤变质程度增高时，结构芳构化程度提升，含氧官能团数量减少，分子极性反而减弱；而当煤变质程度增高到一定程度时，煤体结构排布更有序，导电性增强，煤体整体介电性能回升。

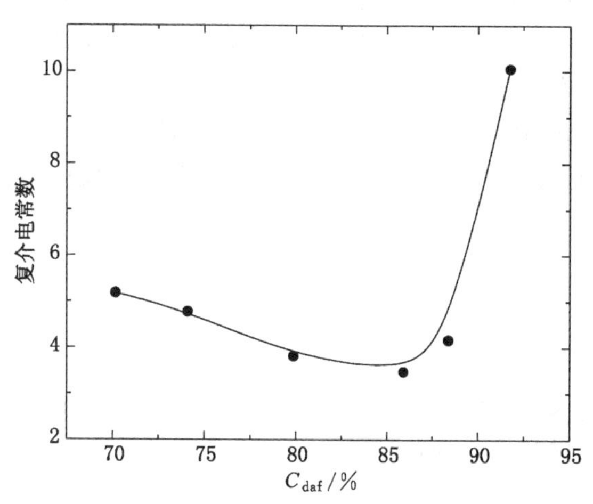


图 2-7 不同变质程度煤体的复介电常数分布情况

(4) 温度

煤体中温度的分布情况对其介电性能也有影响。当煤体温度升高时,其介电响应参数值明显增大。从分子角度看,煤体温度低其总能量小,受微波作用的极化分子间摩擦运动速度减慢,同时高频交变电磁场作用下偶极子变向滞后时间延长,因此,煤介质转化热能的能力很低;而温度高的煤体能量大,偶极子旋转运动加快,相对电磁场交变周期其弛豫时间缩短,微波能利用率增大。

(5) 粒径

图 2-8 展示了褐煤、长焰煤煤样在 0.8 kW 微波加热下的升温曲线,其中,粉煤、粒煤和块煤的粒径范围分别为<6 mm、6~13 mm、13~25 mm。由图 2-8 可得出,煤粒径越小,温度上升速率越快,煤体介电损耗越大,产热越多。

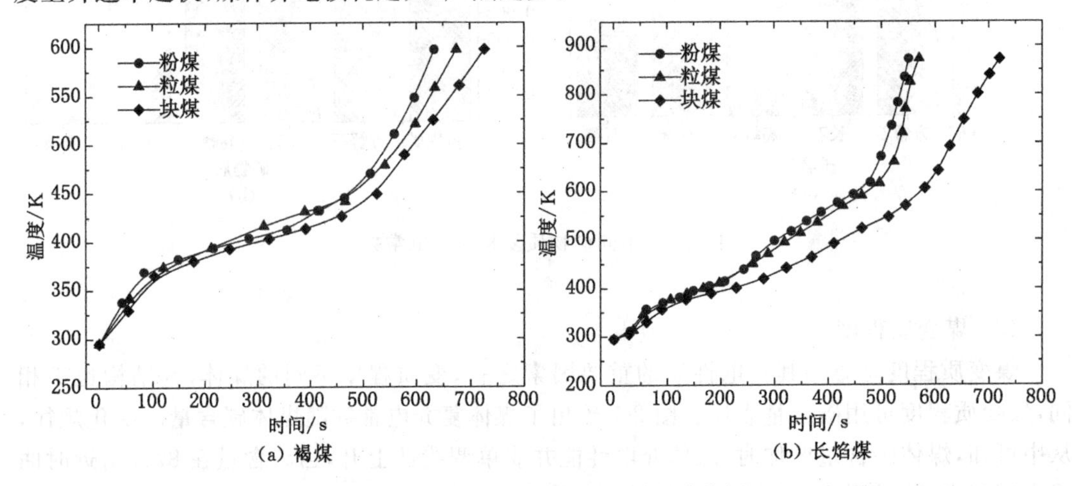


图 2-8　粒径对煤样升温特性的影响特征

粒径对煤体介电性质的影响与含水量关系密切,含水量少的煤体其介电性能与粒径关系不大,随着水分增加,粒径的影响效果逐渐变得突出。当微波在粒径不一的煤介质内传播时,各部位介电损耗不一致导致煤体受热不均,介电响应小的部位吸收微波少,热效率低。煤体粒径分布的均一化有利于内部受热均匀。

综合以上分析可知,煤体中黄铁矿、长石、高岭石等矿物组分和一定量的水分均可促使煤体介电性能提升,同时煤变质程度、粒径及温度情况会影响煤体转化热能的能力,进而对煤体升温速率产生影响。

### 2.2.5　介电响应参数

(1) 穿透深度

穿透深度($d_p$)可定义为:从物体表面到内部微波功率降低到表面值的 1/e 位置之间的距离,用该参数可评价物体对微波的功率损耗程度,具体计算公式为:

$$d_p = \frac{\lambda_0}{2\pi(2\varepsilon')^{\frac{1}{2}}} \left\{ \left[ 1 + \left( \frac{\varepsilon''}{\varepsilon'} \right)^2 \right]^{\frac{1}{2}} - 1 \right\}^{-\frac{1}{2}} \tag{2-1}$$

式中,$\lambda_0$ 为自由空间中微波波长;$\varepsilon'$ 为介电常数,表征极化物质储存微波的能力;$\varepsilon''$ 为损耗系数，表征吸波物体将微波能转化成热能的能力。

(2) 微波吸收指数

电介质会对入射的微波进行不同程度的反射和透射，两种现象的电场强度和微波入射时的电场强度可表达为：

$$\begin{cases} E_{in}=E_0 e^{i(\omega t-K_0 z)} \\ E_{re}=E_1 e^{i(\omega t+K_0 z)} \\ E_t=E_2 e^{-i\alpha z} e^{i(\omega t-\beta z)} \end{cases} \tag{2-2}$$

$$\begin{cases} \alpha=\dfrac{\omega}{c}\sqrt{\dfrac{\left(\sqrt{\varepsilon'^2+\varepsilon''^2}-\varepsilon'\right)}{2}} \\ \beta=\dfrac{\omega}{c}\sqrt{\dfrac{\left(\sqrt{\varepsilon'^2+\varepsilon''^2}+\varepsilon'\right)}{2}} \end{cases} \tag{2-3}$$

式中，$E_{in}$，$E_{re}$，$E_t$分别为入射、反射、透射时的微波电场强度；$E_0$，$E_1$，$E_2$分别为物体表面的入射、反射、透射微波电场强度；$K_0$为真空中微波波数；$\alpha$ 为微波衰减系数；$\beta$ 为相位系数；$\omega$ 为角频率；$c$ 为光速。

入射的微波不能被电介质全部吸收，转化成热能的那部分能量仅来源于透射的微波能，因此，微波吸收指数可表述为电介质利用的微波能与穿透深度和入射的微波能之比，用它来表征物体利用微波能的效率。当电介质将透射的微波能全部利用时，微波吸收指数 $A$ 可用式(2-4)表示：

$$A=\frac{2\sqrt{2\left(\sqrt{\varepsilon'^2+\varepsilon''^2}+\varepsilon'\right)}}{d_p\left[\sqrt{\varepsilon'^2+\varepsilon''^2}+2\left(\sqrt{\varepsilon'^2+\varepsilon''^2}+\varepsilon'\right)+1\right]} \tag{2-4}$$

由式(2-4)可看出，$A$ 的取值完全由穿透深度 $d_p$和电介质介电性能决定，其值越大，微波利用率越高。物体组分、温度及微波输入频率都会对介电性能产生影响。对煤介质进行微波注热时，若微波输入频率确定，则煤体的微波吸收指数仅取决于温度和本身特征。

(3) 损耗功率密度

煤介质不具有磁性且电阻率大，微波辐射时主要以偶极子转向极化形式产热，受煤体介电损耗影响，传入的微波经过一定距离能量会下降，且介电损耗演化趋势满足德拜(Debye)弛豫规律。对于一个微波交变周期，煤体内某区域的损耗功率密度平均值符合以下规律：

$$\bar{P}_d=\frac{\omega}{c}\frac{4\varepsilon''\bar{S}_0 e^{-2\alpha z}}{\sqrt{\varepsilon'^2+\varepsilon''^2}+\sqrt{2\left(\sqrt{\varepsilon'^2+\varepsilon''^2}+\varepsilon'\right)}+1} \tag{2-5}$$

式中，$\bar{S}_0$ 为入射微波能流密度的平均值，与 $E_0$有关。

煤体损耗功率密度不仅可以表征透射微波能的衰减程度，还可以评价单位时间内煤体不同区域的微波利用效率，从而体现微波的选择加热性特点。

由式(2-4)和式(2-5)可以看出，损耗功率密度和微波吸收指数均能反映煤介质吸收微波情况。

根据以上论述，可得出以下结论：

① 当相对介电常数实部固定时，虚部值越大，穿透深度反而越小，煤层内部区域温度越低。

② 煤介质对微波的吸收效率与自身介电常数和介电损耗呈非线性关系。

③ 当微波频率和温度固定，煤体某区域的损耗功率密度平均值增大时，微波吸收指数降低。

④ 当微波频率和温度确定时，煤体某区域的损耗功率密度平均值随煤体吸波能力提升而升高。

⑤ 为防止煤体界面附近温度过高和向内部传导热量不及时，应将微波输入功率控制在合理范围。

## 2.3 微波非热效应

除了热效应，微波作为一种高频电磁波，还会产生其他效应，统称为非热效应。微波非热效应主要表现为微波作为电磁波所具有的电磁力作用。

瓦斯在煤表面的吸附是物理吸附，其本质是煤表面分子与瓦斯气体分子之间相互吸引的结果。煤分子和瓦斯气体分子之间的作用力是范德瓦耳斯力，由德拜(Debye)诱导力和伦敦(London)色散力组成，由此而形成吸引势，即吸附势阱深度(也称势垒)。当把煤与瓦斯系统置于微波场中时，它们将在微波电磁场作用下同时被极化，结果是煤分子和瓦斯气体分子产生偶极矩，偶极矩的产生将对分子间的作用力产生影响。由于煤分子的弛豫时间和瓦斯气体分子的弛豫时间有很大差异，而且微波电磁场的变化速率高于极化速率，处于极化状态的煤分子和瓦斯分子头头相接或尾尾相接，从而可提高瓦斯分子间的作用势，降低煤表面的吸附势阱深度，进而可加快毛细管型扩散和表面扩散过程，提高瓦斯扩散速度。

目前，大多数学者认为微波辐射促进瓦斯解吸运移的主要原因是热效应，而忽略了微波作为一种电磁波还会对煤与瓦斯系统产生电磁力作用。研究表明，电磁力作用一方面会降低瓦斯气体分子之间的作用力以及瓦斯气体分子与煤表面的吸附势阱深度，从而降低瓦斯吸附能力；另一方面还会加快煤体表面吸附瓦斯气体分子的振动频率，减少吸附瓦斯气体分子在煤表面的停留时间，加快煤中瓦斯解吸速度，减少瓦斯吸附量。实验表明，即便是低频电磁场(频率低于 8 MHz，此时热效应微弱)，也能加快瓦斯解吸放散速度，增大瓦斯放散量，这说明电磁力作用在微波辐射促进瓦斯解吸运移中是不容忽视的。

# 3 微波辐射下煤体电磁-热-流-固耦合数值分析

微波辐射煤体时，煤介质损耗作用将辐射的电磁能转化为热能，使煤介质温度整体升高。微波辐射下煤体的响应过程是一个涉及多个物理场相互耦合的复杂过程，包括电磁场、温度场、力学场等，是煤体内部介质能量、质量、动量不均匀和非线性变化的动态过程。

数值模拟相比实验研究具有可视化、可量化、易于控制变量、成本低廉等优点，对研究微波辐射下煤的响应过程具有重要意义。本章采用数值模拟方法，对微波辐射煤体及相应的各物理场分布规律开展研究，构建多相多孔煤体耦合数值模型。

## 3.1 软件介绍

选用 COMSOL Multiphysics 软件对微波辐射系统进行模拟分析。该软件由 COMSOL 公司开发，具有强大的交互功能，能对涉及多个物理场的各种科学工程问题进行仿真分析，以有限元数学计算法求解单个或多个物理场偏微分方程，并采用内置求解器对几何模型进行网格划分和误差控制，从而实现对各种物理现象的高精度仿真模拟。软件中预定义大量物理场接口，用户可以自主选取所需物理场，并在不同节点中输入相关逻辑函数、插值函数、常量，从而快速构建模型。由于该软件具有计算能力强、操作界面友好直观、后处理功能丰富、易于操作等特点，目前已在各领域（如量子力学、结构力学、微波工程、化学等领域）得到普遍应用。

## 3.2 几何模型和网格划分

### 3.2.1 几何模型

煤样位于微波场中时，微波辐射源即磁控管在控制台的作用下将产生的微波经矩形波导送入谐振腔中，微波能在腔壁和煤样的反射和吸收下，在谐振腔空间内重新分布，腔体内电场的分布情况与矩形波导、谐振腔、煤样的位置和几何形状有关。图 3-1 为仿真几何模型，谐振腔的尺寸（长×宽×高）为 267 mm×270 mm×188 mm，矩形波导的尺寸（长×宽×高）为 50 mm×78 mm×18 mm，煤样直径和高度分别为 25 mm 和 50 mm。矩形波导和谐振腔内的气体均为空气，其介电损耗为零，在腔壁和波导外边界设置铜制材料，将煤样固定在腔体中心底部。由于几何模型呈对称分布，模拟结果也呈对称特征，为便于观察、缩短计算时间、提高计算能力，选用一半几何模型进行模拟计算。

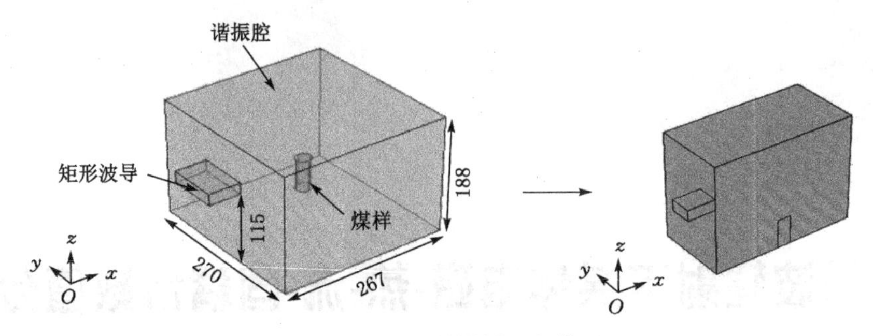


图 3-1 微波辐射煤样几何模型

### 3.2.2 网格划分

模型几何域的网格尺寸直接影响有限元仿真计算的收敛性和模拟结果的准确性。为合理选取网格划分类型，提高计算结果精度，表 3-1 列出了 9 类网格划分方案，整个几何模型被离散成四面体单元和三角形单元。可以看出，随着几何域单元数减少，划分的网格逐渐稀疏，总体上网格单元质量(MEQ)减小，结果精度降低。通常认为网格单元质量在 0.3 以上时，模拟结果可靠。方案Ⅲ的 MEQ 最小值和平均值均最大，这说明其单元形态规律性较好，完全满足可靠性要求；方案Ⅶ、Ⅷ、Ⅸ模拟过程不收敛。本模型选取较细化网格划分方案，以提高模拟效率，减小结果误差。

表 3-1 几何网格划分

| 方案 | 单元大小 | 单元数/个 | 网格单元质量(MEQ) | |
|---|---|---|---|---|
| | | | 最小值 | 平均值 |
| Ⅰ | 极细化 | 49 853 | 0.222 3 | 0.661 5 |
| Ⅱ | 超细化 | 28 549 | 0.205 4 | 0.662 5 |
| Ⅲ | 较细化 | 16 811 | 0.259 3 | 0.662 8 |
| Ⅳ | 细化 | 9 638 | 0.254 1 | 0.657 7 |
| Ⅴ | 常规 | 5 324 | 0.221 6 | 0.656 9 |
| Ⅵ | 粗化 | 2 485 | 0.268 6 | 0.654 6 |
| Ⅶ | 较粗化 | 1 025 | 0.273 3 | 0.640 5 |
| Ⅷ | 超粗化 | 422 | 0.180 9 | 0.613 7 |
| Ⅸ | 极粗化 | 203 | 0.173 9 | 0.560 7 |

## 3.3 模型简化

现实条件下，由于实验环境不稳定、样品组成多样、影响因素复杂等特点，在进行模拟计算时有必要对模型输入条件进行简化，以确保计算结果收敛，便于控制误差，提高计算效率。煤样包含液态水、吸附游离瓦斯、空气等，并且含有不同尺寸的孔隙和裂隙，是一种复杂的多相多孔系统，在微波作用下其温度场、压力场、渗流场的分布不均匀。综合各种因素，在构建模型时作出以下简化：

(1) 传热场作用范围仅限在煤样内部。

(2) 煤样在微波能作用下不发生化学反应，不考虑气体与煤基质的分子作用力。

(3) 谐振腔壁和波导外边界采用铜制材料。

(4) 煤样初始温度处处相同。

(5) 煤样的孔隙率、导热系数、介电常数、比热容等各向同性。

(6) 忽略重力影响。

(7) 固态、液态、气态物质均呈连续态。

## 3.4 控制方程

通过 COMSOL Multiphysics 软件预置物理场接口添加所需物理场，微波加热煤体过程中涉及电磁激励、温度变化、流体流动、液态水吸热相变、煤体热应变，选用的模块为“电磁波，频域”“多孔介质传热”“达西定律”“稀物质传递”“固体力学”和“动网格”，不同物理场相互作用过程如图 3-2 所示。

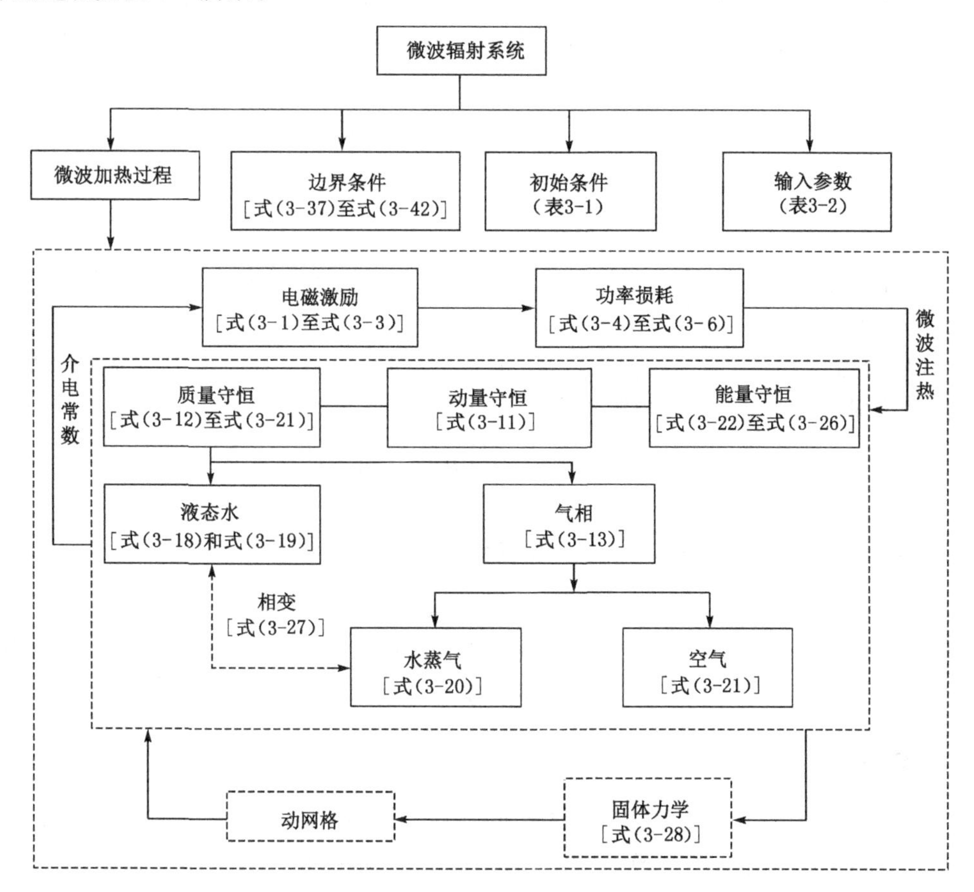


图 3-2 微波辐射煤体多场耦合关系

(1) 煤体损耗作用将微波能转化为热能。由于煤体介电常数是温度、含水率的函数，温度、含水率的变化会改变煤体介电特性，进而影响微波作用情况。

(2) 温度升高，煤体中液态水吸热蒸发，水蒸气浓度不断增大，从而影响煤体压力分布。

(3) 煤壁对流换热、液态水蒸发吸热、流体流动传热导致煤体温度不断变化。

(4) 受温度分布不均引起的热膨胀影响，煤体结构发生移动变形，变化的网格会对其他物理场产生影响。

### 3.4.1 电磁场控制方程

电磁波在空间传播规律遵循麦克斯韦方程，它可描述特定场源下电场、磁场随时间变化的传播规律。将复矢量引入时谐电磁场，相应方程如式(3-1)所示，频域电磁场下相应方程如式(3-2)所示：

$$\begin{cases} \times E = -\mathrm{j}\omega\mu_0 H \\ \times H = \mathrm{j}\omega\varepsilon_0\varepsilon E \\ \cdot(\varepsilon E) = 0 \\ \cdot H = 0 \end{cases} \tag{3-1}$$

式中，$E$ 为电场强度，V/m；$\omega$ 为角频率，rad/s；$\mu_0$ 为自由空间磁导率，取值为 $4\pi\times10^{-7}$ H/m；$H$ 为磁场强度，A/m；$\varepsilon_0$为自由空间介电常数，取值为 $8.854\times10^{-12}$ F/m；$\varepsilon$ 为复相对介电常数。

$$\times \mu_r^{-1}(\ \times E) - k_0^2\left(\varepsilon_r - \frac{\mathrm{j}\sigma}{\omega\varepsilon_0}\right)E = 0 \tag{3-2}$$

$$k_0 = \omega\sqrt{\varepsilon_0\mu_0} = \frac{\omega}{c_0} \tag{3-3}$$

式中，$\mu_r$为相对磁导率；$k_0$为自由空间波数；$c_0$为真空中的光速，取值 $3.0\times10^8$ m/s；$\varepsilon_r$为相对介电常数；$\sigma$ 为电导率，S/m。

煤体吸收微波能力和将其转化为热能的能力，通过自身介电特性表征，电磁场和热场双向耦合，功率损耗包括磁损耗和电阻损耗，微波加热源项方程为：

$$Q_{ml} = \frac{1}{2}\mathrm{Re}(\mathrm{i}\omega B \cdot H^*) \tag{3-4}$$

$$Q_{rh} = \frac{1}{2}\mathrm{Re}(J \cdot E^*) \tag{3-5}$$

$$Q_e = Q_{ml} + Q_{rh} \tag{3-6}$$

式中，$Q_{ml}$为磁损耗，W/m$^3$；$B$ 为磁通量密度，Wb/m$^2$；$H^*$ 为 $H$ 的共轭复数；$Q_{rh}$为电阻损耗，W/m$^3$；$J$ 为电流密度，A/m$^2$；$E^*$ 为 $E$ 的共轭复数；$Q_e$为电磁功率损耗，W/m$^3$。

### 3.4.2 流体传质控制方程

多孔煤样由固态煤基质、液态水、气体组成，气体为空气和水蒸气的二元混合物，见图 3-3(a)；各组分在加热过程中遵循质量守恒定律、能量守恒定律、动量守恒定律，其运动模式见图 3-3(b)，其中，液态水运动形式包括体积流动、相变、毛细管流动，气态二元混合物分为体积流动、相变和二元扩散三种运动模式。电介质煤体通过自身介电性能将电磁能转化为热能，并作为注热源项导入传热场中，多相介质在运输过程中内部温度和含水率改变，导致煤体电磁产热能力和电磁功率损耗不断变化。

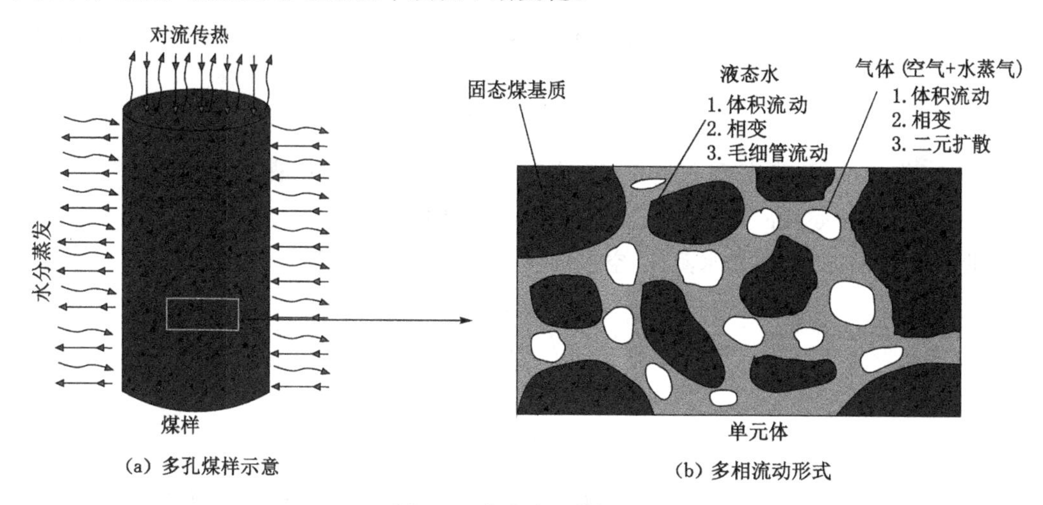


(a) 多孔煤样示意

(b) 多相流动形式

图 3-3　多孔多相煤样模型

三相连续态中单元体积可表示为：

$$\Delta V = \Delta V_s + \Delta V_f = \Delta V_s + \Delta V_g + \Delta V_w \tag{3-7}$$

式中，$\Delta V$ 为单元体积，$m^3$；$\Delta V_s$为固相体积，$m^3$；$\Delta V_f$为流体体积，由气相体积 $\Delta V_g$和液相体积 $\Delta V_w$组成，$m^3$。

煤体孔隙率为：

$$\varphi = \frac{\Delta V_f}{\Delta V} = \varphi_w + \varphi_g \tag{3-8}$$

式中，$\varphi$ 为总孔隙率，下标 w 和 g 分别表示液相和气相。

物相饱和度是指特定相占据孔隙总体积的比例，液相、气相饱和度表达式为：

$$S_w = \frac{\Delta V_w}{\Delta V_w + \Delta V_g} = \frac{\Delta V_w}{\varphi \Delta V} \tag{3-9}$$

$$S_g = \frac{\Delta V_g}{\Delta V_w + \Delta V_g} = \frac{\Delta V_g}{\varphi \Delta V} = 1 - S_w \tag{3-10}$$

(1) 动量守恒方程

采用达西定律而非纳维-斯托克斯(Navier-Stokes)方程表述低渗透性煤体流体流动，煤体内部气体压力梯度是流体流动的驱动力。

$$\bar{v}_i = -\frac{k_{in,i} k_{r,i}}{\mu_i} \quad p_i \tag{3-11}$$

式中，$i$ 代表液相和气相；$\bar{v}_i$ 为相对煤基质的流体运动速度，m/s；$p_i$ 为气体压力梯度，气体压力为水蒸气分压、空气压力之和，其值由质量守恒方程和理想气体方程决定，MPa/m；$k_{in,i}$为固有渗透率，$m^2$；$k_{r,i}$为组分相对渗透率，$m^2$；$\mu_i$为动力黏度，Pa · s。

(2) 质量守恒方程

流体运动传质满足质量守恒方程：

$$\frac{\partial}{\partial t}(\varphi\rho_w S_w) + \quad \cdot \bar{n}_w = -\dot{I} \tag{3-12}$$

$$\frac{\partial}{\partial t}(\varphi\rho_g S_g) + \quad \cdot (\rho_g \bar{v}_g) = \dot{I} \tag{3-13}$$

$$\frac{\partial}{\partial t}(\varphi\rho_g S_g w_v) + \quad \cdot \bar{n}_v = \dot{I} \tag{3-14}$$

式中，$\rho_w$，$\rho_g$ 分别为液态水和气体密度，kg/m$^3$；$\bar{n}_w$，$\bar{n}_v$ 分别为液态水和水蒸气流量，kg/(m$^2$ · s)；$\dot{I}$ 为相变，kg/(m$^3$ · s)；$w_v$ 为水蒸气质量分数。

根据理想气体方程，水和水蒸气、空气的质量浓度的表达式为：

$$c_w = \rho_w \varphi S_w \tag{3-15}$$

$$c_v = \frac{p_v M_v}{RT}\varphi S_g \tag{3-16}$$

$$c_a = \frac{p_a M_a}{RT}\varphi S_g \tag{3-17}$$

式中，$M_v$ 为水蒸气摩尔质量，kg/mol；$M_a$ 为空气摩尔质量，kg/mol；$R$ 为摩尔气体常数，J/(mol · K)；$T$ 为热力学温度，K。

流体流量 $\bar{n}_w$、$\bar{n}_v$ 的详细表达式由以下推导得出。

① 液态水质量流量 $\bar{n}_w$。煤体中液态水流动过程中受到三方面作用力，分别为毛细管力对孔隙内液态水的吸引力 $p_c$、作用于液态水的静压力 $p_w$、驱动高压区水流动的气体压力 $p_g$，三者相互关系为：

$$p_w = p_g - p_c \tag{3-18}$$

根据达西定律：

$$\begin{aligned}
\bar{n}_w &= -\rho_w \frac{k_{in,w}k_{r,w}}{\mu_w} \quad p_w \\
&= -\rho_w \frac{k_{in,w}k_{r,w}}{\mu_w} \quad (p_g - p_c) \\
&= -\rho_w \frac{k_{in,w}k_{r,w}}{\mu_w} \quad p_g + \rho_w \frac{k_{in,w}k_{r,w}}{\mu_w} \quad p_c \\
&= \rho_w \bar{v}_w + \rho_w \frac{k_{in,w}k_{r,w}}{\mu_w}\frac{\partial p_c}{\partial c_w} \quad c_w \\
&= \rho_w \bar{v}_w - D_{w,cap} \quad c_w
\end{aligned} \tag{3-19}$$

液态水总流量由两部分构成：方程右侧第一项为气体压力梯度作用下的流量，右侧第二项为在毛细管力和液态水静压力影响下，由液态水毛细管扩散率 $D_{w,cap}$ 表示的扩散通量。

② 水蒸气质量流量 $\bar{n}_v$。该质量流量分为两部分：由气体压力梯度引起的体积流和与空气组成的二元扩散通量。

$$\begin{aligned}
\bar{n}_v &= -\rho_v \frac{k_{in,g}k_{r,g}}{\mu_g} \quad p_g - \left(\frac{C_g^2}{\rho_g}\right) M_v M_a D_{bin} \quad x_v \\
&= \rho_v \bar{v}_g - \left(\frac{C_g^2}{\rho_g}\right) M_v M_a D_{bin} \quad x_v
\end{aligned} \tag{3-20}$$

式中，$C_g$ 为气体摩尔浓度，mol/m$^3$；$M_v$ 为水蒸气摩尔质量，kg/mol；$M_a$ 为空气摩尔质量；

$D_{bin}$为空气中水蒸气扩散率,$m^3/s$;$x_v$为水蒸气摩尔分数。

水蒸气、空气浓度(质量浓度)与质量分数之间满足如下关系:

$$\begin{cases} c_v = w_v c_g \\ c_a = w_a c_g \\ w_a = 1 - w_v \end{cases} \tag{3-21}$$

式中,$w_a$ 为空气质量分数;$c_g$ 为气相质量浓度;其余符号含义同前。

根据水蒸气质量分数可求得水蒸气质量浓度,同时空气的质量分数可通过水蒸气质量分数求出。

(3) 能量守恒方程

传热场中影响煤体温度的因素包括微波产热、煤体表面对流散热、热传导、液态水蒸发吸热、流体传热,当所有相均处于热平衡状态时,相应的控制方程为:

$$\frac{\partial}{\partial t}(\rho_{eff} c_{p,eff} T) + \quad ((\rho c_p u)_{fluid} T) = \quad (k_{eff} \quad T) - \lambda \dot{I} + Q_e \tag{3-22}$$

式中,$\rho_{eff}$多孔介质有效密度,$kg/m^3$;$c_{p,eff}$为多孔介质有效质量定压热容,J/(kg · K);$u$ 为流体速度,m/s;$k_{eff}$为多孔介质有效导热系数,W/(m · K);$\lambda$ 为蒸发潜热,J/kg。

多孔介质整体性质由三相组分性质综合决定,所以煤样有效质量定压热容、有效密度、有效导热系数,按各组分体积分数或质量分数进行加权求和得出:

$$\rho_{eff} = (1 - \varphi)\rho_s + \varphi(S_w \rho_w + S_g \rho_g) \tag{3-23}$$

$$c_{p,eff} = m_g(w_v c_{p,v} + w_a c_{p,a}) + m_w c_{p,w} + m_s c_{p,s} \tag{3-24}$$

$$k_{eff} = (1 - \varphi)k_s + \varphi[S_w k_w + S_g(w_v k_v + w_a k_a)] \tag{3-25}$$

$$(\rho c_p u)_{fluid} = [\rho_w \bar{v}_w - D_{w,cap} \quad (\varphi S_w \rho_w)] c_{p,w} + \rho_g u_g (w_v c_{p,v} + w_a c_{p,a}) \tag{3-26}$$

(4) 液态水相变表达式

电磁波辐射煤体,使煤体整体温度升高,液态水受热蒸发,从而导致煤体内部压力增大。该相变过程如式(3-27)所示,相变与水蒸气平衡蒸汽压和实际蒸汽压力的差值有关。

$$\dot{I} = K_{evap} \frac{M_v}{RT}(p_{v,eq} - p_v) S_g \varphi \tag{3-27}$$

式中,$K_{evap}$为蒸发速率常数,即水蒸发平衡时间的倒数;$M_v$为水蒸气摩尔质量,kg/mol;$p_{v,eq}$为平衡蒸汽压,Pa;$p_v$ 为实际蒸汽压力,Pa。

多孔煤体孔隙尺寸不一,水蒸发平衡时间平均为 $10^{-9} \sim 10^{-6}$ s,所以 $K_{evap}$ 值为 $10^6 \sim 10^9$ $s^{-1}$。以往研究发现,当蒸发速率常数超过 $10^6$ $s^{-1}$时,模拟运算量大,而且不易收敛;当蒸发速率常数超过 $10^3$ $s^{-1}$时,模拟误差较小,能提高计算结果准确性。综合以上因素,构造仿真模型时,$K_{evap}$值取 1 000 $s^{-1}$,以此提高拟合精度。

### 3.4.3 多孔介质变形控制方程

谐振腔空间内不同位置的电磁场强度不同,导致煤体受热不均匀。在固体力学模块中将煤体设置成线弹性材料,在传热场下煤体热膨胀变形,控制方程如式(3-28)所示。形状的改变导致动网格模块网格重新划分,从而改变其他物理场在煤体中的分布特征。

$$\varepsilon_{th} = \alpha(T - T_0) \tag{3-28}$$

式中,$\alpha$ 为热膨胀系数,1/K;$T_0$为煤体初始温度,K。

## 3.5 参数输入

模型参数设置情况如表 3-2 所示。

**表 3-2 数值模型中参数设置情况**

| 参 数 | 数值或表达式 | 单 位 |
|---|---|---|
| | | |
| 微波频率 $f$ | $2.45\times10^{9}$ | Hz |
| 介电常数 $\varepsilon'$ | | F/m |
| 液态水 | $-0.283\,3T+80.67$ | |
| 煤基质 | 1.9 | |
| 气体 | 1 | |
| 损耗系数 $\varepsilon''$ | | |
| 液态水 | $0.05T+20$ | |
| 煤基质 | 0.1 | |
| 气体 | 0 | |
| | | |
| 质量定压热容 $c_{p,i}$ | | J/(kg·K) |
| 液态水 | $4\,176.2-0.090\,9(T-273)+5.473\,1\times10^{-3}(T-273)^2$ | |
| 煤基质 | 1 250 | |
| 水蒸气 | 2 062 | |
| 空气 | 1 006 | |
| 密度 $\rho_i$ | | kg/m$^3$ |
| 液态水 | 998 | |
| 煤基质 | 1 250 | |
| 水蒸气 | 理想气体 | |
| 空气 | 理想气体 | |
| 导热系数 $k_i$ | | W/(m·K) |
| 液态水 | $0.57+0.001\,76T-6.730\,6\times10^{-6}T^2$ | |
| 煤基质 | 0.478 | |
| 水蒸气 | 0.026 | |
| 空气 | 0.026 | |
| 黏度 $\mu_i$ | | Pa·s |
| 液态水 | $0.89\times10^{-3}$ | |
| 气体 | $3.26\times10^{-5}$ | |

表 3-2(续)

| 参　数 | 数值或表达式 | 单　位 |
|---|---|---|
| 固有渗透率 $k_{in,i}$ | | $m^2$ |
| 液态水 | $10^{-15}$ | |
| 气体 | 式(3-32) | $m^2$ |
| 相对渗透率 $k_{r,i}$ | | |
| 液态水 | 式(3-33) | |
| 气体 | 式(3-34) | |
| 水蒸气饱和蒸汽压 $p_{sat}$ | $4\,178\exp\{(\lambda/R)\times[(T-T_0)/(TT_0)]\}$ | Pa |
| 平衡蒸汽压 $p_{v,eq}$ | $p_{sat}\exp(-0.026\,7M^{-1.656}+0.010\,7e^{-1.287M}M^{1.513}\ln p_{sat})$ | Pa |
| 液态水毛细管扩散率 $D_{w,cap}$ | 式(3-29) | $m^2/s$ |
| 传热系数 $h_t$ | 10 | $W/(m^2 \cdot K)$ |
| 空气中水蒸气扩散率 $D_{bin}$ | 式(3-30) | |
| 蒸发速率常数 $K_{evap}$ | 1 000 | 1/s |
| 蒸发潜热 $\lambda$ | $2.26\times10^6$ | J/kg |
| 总孔隙率 $\varphi$ | 0.21 | |
| 热膨胀系数 $\alpha$ | $2.4\times10^{-5}$ | 1/K |
| 煤样泊松比 $\nu$ | 0.339 | |
| 煤样弹性模量 $E$ | $2.713\times10^9$ | Pa |
| | | |
| 大气压力 $p_0$ | $1.01\times10^5$ | Pa |
| 环境温度 $T_0$ | 293.15 | K |
| 含水饱和度 $S_w$ | 0.67 | |
| 水蒸气质量分数 $w_v$ | 0.036 | |

(1) 流体扩散率

液态水受毛细管效应影响,传质过程中毛细管扩散率与含水率 $M$ 有关,气态混合物中水蒸气扩散率由气体饱和度和煤体孔隙率决定,其计算公式为:

$$D_{w,cap}=1\times10^{-8}\exp(-2.8+2M) \tag{3-29}$$

$$D_{bin}=\frac{2.13}{p\varphi}\left(\frac{T}{273}\right)^{1.8}(S_g\varphi)^{3-\varphi} \tag{3-30}$$

(2) 流体渗透率

流体受压力梯度作用在多孔介质中流动,表征这种流动能力大小的参数为流体渗透率。煤样孔隙分布和孔径大小及流体黏度都会影响渗透率的取值。渗透率分为两种,即取决于介质自身结构特征的固有渗透率和与流体饱和度有关的相对渗透率,如式(3-31)所示。本模型中液态水的固有渗透率取 $10^{-15}$ $m^2$。根据克林肯贝格(Klinkenberg)效应,气体固有渗透率用液态水固有渗透率表示,如式(3-32)所示。流体相对渗透率由液态水饱和度可表示成式(3-33)和式(3-34)。

$$k_i = k_{\text{in},i} k_{\text{r},i} \tag{3-31}$$

$$k_{\text{in,g}} = k_{\text{in,w}} \left(1 + \frac{0.15 k_{\text{in,w}}^{-0.37}}{p}\right) \tag{3-32}$$

$$k_{\text{r,g}} = \begin{cases} 1 - 1.1 S_{\text{w}} & S_{\text{w}} < 0.91 \\ 0 & S_{\text{w}} \geqslant 0.91 \end{cases} \tag{3-33}$$

$$k_{\text{r,w}} = \begin{cases} \left(\dfrac{S_{\text{w}} - 0.09}{0.09}\right)^3 & S_{\text{w}} > 0.09 \\ 0 & S_{\text{w}} \leqslant 0.09 \end{cases} \tag{3-34}$$

(3) 介电性质

煤样介电性质受温度、含水率等参数的影响。微波加热煤样，煤样温度升高，水分吸热蒸发，从而导致煤样介电性质不断变化。由于多孔介质煤包含固态煤基质、液态水和二元气体混合物，所以煤样整体介电性质要综合三相介电性质确定。模型中选用混合平均 LLLE 方程(Landau-Lifshitz-Looyenga Equation)，依据各相态体积分数进行计算：

$$\varepsilon^{1/3} = \sum_{i=\text{s,w,g}} \nu_i \varepsilon_i^{1/3} \tag{3-35}$$

式中，$\varepsilon_i$ 为各相态介电性质；$\nu_i$ 为各相态体积分数，其值由孔隙率、各相态饱和度决定，相应表达式如(3-36)所示。

$$\begin{cases} \nu_{\text{s}} = 1 - \varphi \\ \nu_{\text{w}} = S_{\text{w}} \varphi \\ \nu_{\text{g}} = S_{\text{g}} \varphi \end{cases} \tag{3-36}$$

根据表 3-2 可知，液态水的介电常数及损耗系数均随温度变化，而气体和固态煤基质的介电性质均保持不变，故煤样整体介电性质变化规律仅与液态水介电性质有关。

图 3-4 将煤样损耗系数实验值与公式[式(3-35)]计算值进行比较，结果显示两条曲线并不相同，这是煤样组分多、实验测量时存在偏差、流体运移过程复杂等因素造成的，但其总体趋势相同，而且理论值控制在实验误差范围内。因此，模型中选用混合平均 LLLE 方程表征煤体介电性质，能够确保仿真结果的准确性。

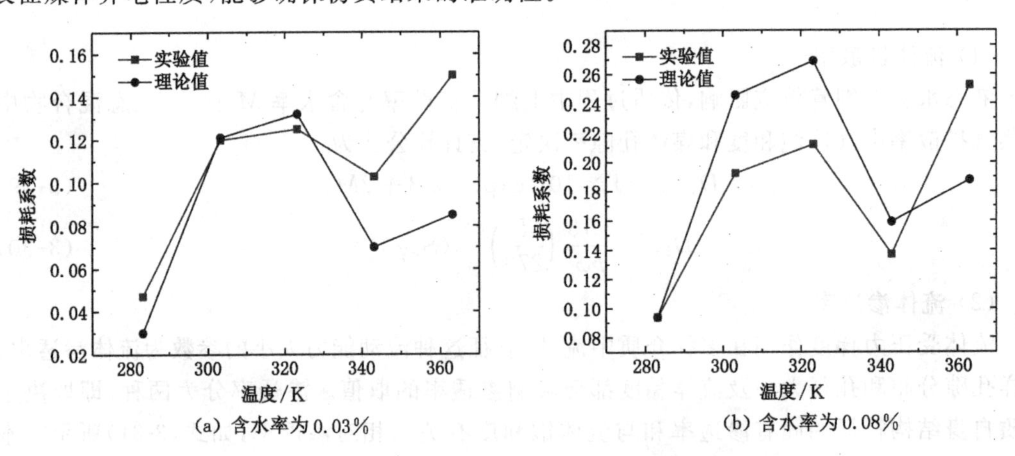


(a) 含水率为0.03%　　(b) 含水率为0.08%

图 3-4　不同含水率下煤样损耗系数取值

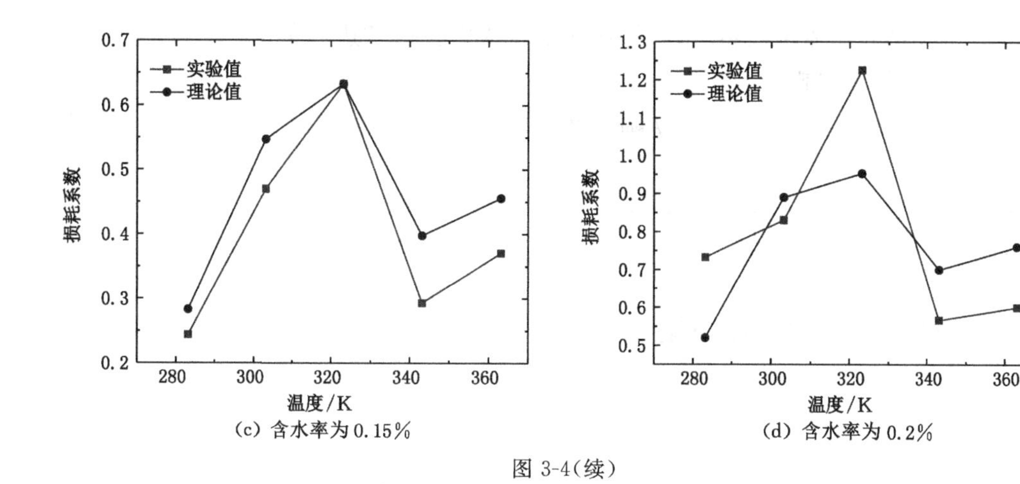


(c) 含水率为0.15%　　(d) 含水率为0.2%

图 3-4(续)

## 3.6　边界条件

(1) 电磁波,频域

“电磁波,频域”物理模块中,包括“端口”和“阻抗”边界条件,“端口”可将产生的微波能导入谐振腔空间,矩形波导和谐振腔外壁设置成铜制材料的“阻抗”边界条件。当微波频率不超过特定横截面尺寸下的波导截止频率[式(3-37)]时,电磁波能在矩形波导中传播;模型中矩形波导宽度为 78 mm,根据截止频率表达式,当微波频率为 2.45 GHz 时,电磁波以横电波 $TE_{10}$ 模式传播,矩形波导中只有 $z$ 方向存在电场。传播系数计算公式为:

$$(f_c)_{mn}=\frac{c_0}{2}\sqrt{\left(\frac{m}{a}\right)^2+\left(\frac{n}{b}\right)^2} \tag{3-37}$$

$$\beta=\frac{2\pi}{c_0}\sqrt{f^2-f_c^2} \tag{3-38}$$

式中,$c_0$ 为真空中的光速,取值 $3.0\times10^8$ m/s;$m$ 为电磁波模数,即矩形波导沿长度方向电磁场强度最大取值出现的次数;$n$ 为电磁波模数,即矩形波导沿宽度方向电磁场强度最大取值出现的次数;$a$,$b$ 为矩形波导的长度和宽度。

由于谐振腔外壁材料为铜制的,实验条件下电磁波通过该材料时会产生趋肤效应,即电磁波仅在很小范围的薄层内传播,损耗的微波能可忽略不计。相应的阻抗边界条件表示为:

$$\sqrt{\frac{\mu_0\mu_r}{\varepsilon_0\varepsilon_r-\mathrm{j}\dfrac{\sigma}{\omega}}}\boldsymbol{n}\times\boldsymbol{H}+\boldsymbol{E}-(\boldsymbol{n}\cdot\boldsymbol{E})\boldsymbol{n}=(\boldsymbol{n}\cdot\boldsymbol{E}_s)-\boldsymbol{E}_s \tag{3-39}$$

式中,$\boldsymbol{E}_s$ 为场源矢量,V/m。

(2) 传热场

微波加热过程中煤样的高温热量通过样品侧壁向空气中传播,边界设置为“对流热通量”;煤样底部接触谐振腔外壁,不与外界发生热交换,可定为“热绝缘”。

$$q=h_t(T_0-T) \tag{3-40}$$

$$-n\cdot(-k\quad T)=0 \tag{3-41}$$

(3) 达西定律

根据几何模型和流体传质特点，将煤样底部定为“无流动”边界条件；煤样放置在空气中，侧壁压力与大气压力相同。

$$p_{\mathrm{surf}} = p_{\mathrm{amb}} = p_0 \tag{3-42}$$

(4) 固体力学

煤样底部中心位置固定，定为“固定约束”边界条件；底面设置成“辊支承”边界条件；侧面和顶面无约束，定为“自由”边界条件。

## 3.7 微波辐射下煤体多场耦合结果

### 3.7.1 电磁-热耦合特性

煤体矿物成分多、结构复杂、孔裂隙分布不均、多相态同时存在，其固态煤基质、液态水、二元气体的介电损耗存在差异，从而导致煤体不同位置吸收电磁波以及将其转化为热能的能力各异，加之电磁波振荡传播和谐振腔壁的反射作用，使煤体选择加热特性尤为突出。温度分布不均匀，煤样内部出现高温、低温区域，导致应力集中作用，从而引起煤体损伤变形。

(1) 电磁场分布

微波注热煤体系统中，电磁场作用于煤体的具体流程为：微波发射源即磁控管将产生的微波经矩形波导输入谐振腔空间，受腔壁阻抗反射和电介质煤体吸波产热的影响，腔内振荡电磁波扰动、扭曲，重新分布的电磁场作用于煤体，导致煤体内部温度、压力、流体浓度不均匀分布。

图 3-5 和图 3-6 分别是煤样受热前后电磁场分布情况，图的左侧为谐振腔空间电磁场切片图和煤样内的电磁场切片图及矢量图，右侧为谐振腔空间和煤样内的电磁场在 $x$-$y$ 平面、$y$-$z$ 平面、$x$-$z$ 平面上的分布图；图 3-7 绘制了煤样受热前后中线位置电场强度和受热后中线位置电磁功率损耗密度分布情况，中线位置示意如图中右侧所示。

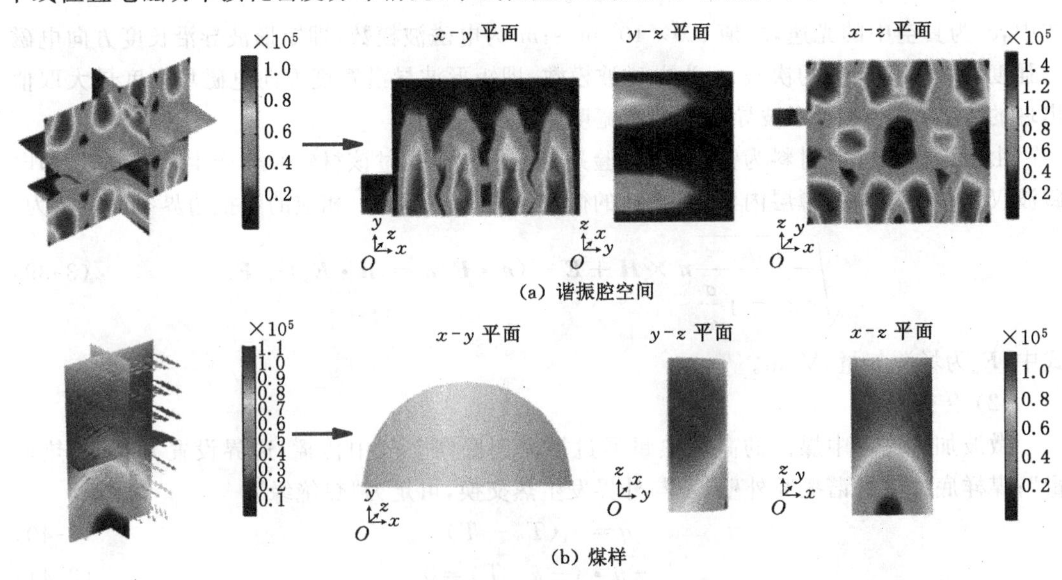


图 3-5 煤样受热前电磁场分布情况(数值表示电场强度，单位为 V/m)

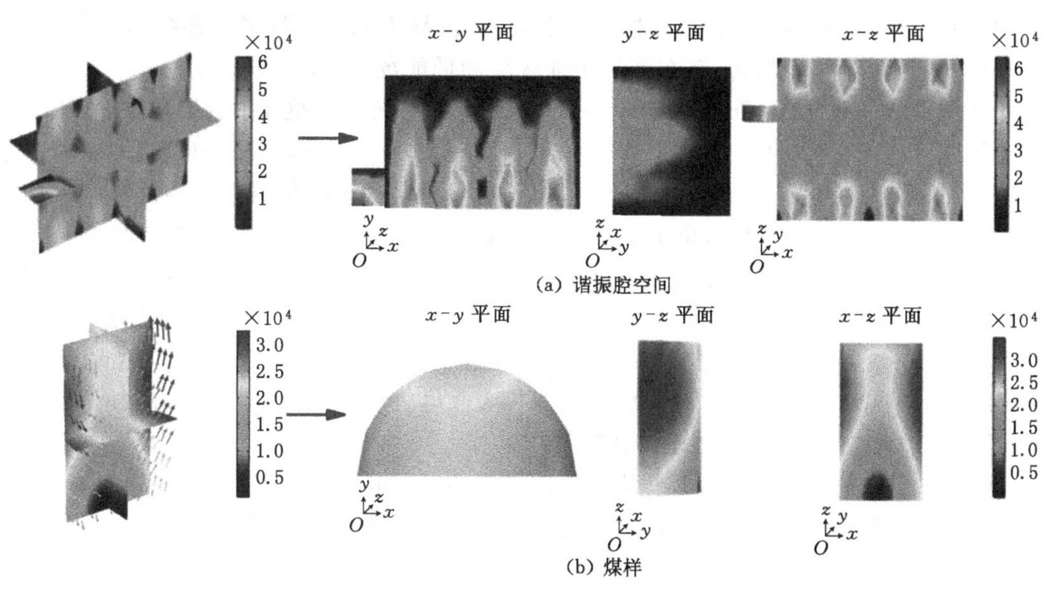


图 3-6 煤样受热后电磁场分布情况(数值表示电场强度,单位为 V/m)

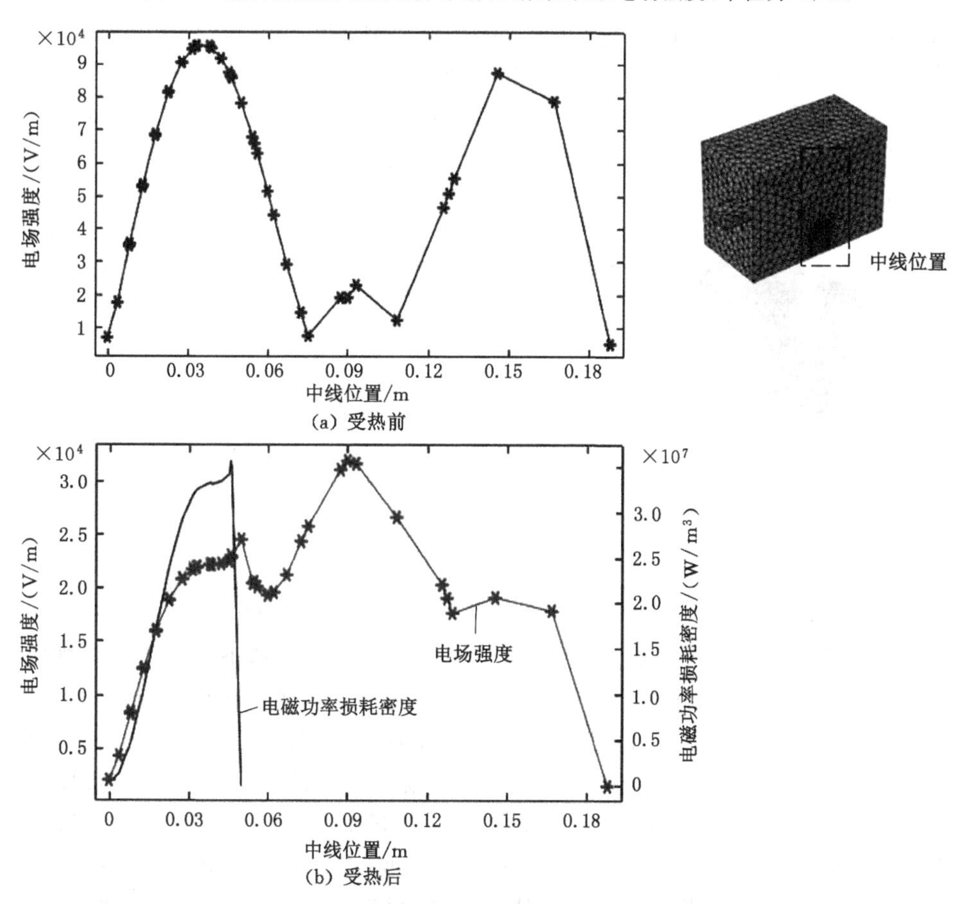


图 3-7 煤样受热前后中线位置电场强度及受热后中线位置电磁功率损耗密度分布情况

从图 3-5 和图 3-7 可以得出，煤样受热前，矩形波导内的电磁场强呈连续态分布，谐振腔空间内微波能分布不均匀，存在高能场强区域和低能场强区域，并且两区域分散随机排列；中线位置的高能、低能场强区域连续分布；受矩形波导外壁阻抗反射的影响，在煤样区域内，电场强度差距很大，其中，顶部区域的电场强度最大，而底部中心位置电场强度最小。由图 3-7(a)可看出，沿中线 0.03 m 和 0.15 m 位置电场强度达到峰值，两者距离恰好与微波波长相等。在图 3-6 和图 3-7 中，由于电介质煤的吸波影响，电磁场强在谐振腔空间和煤样内的分布与煤样受热前明显不同，电磁场重新分布，并且电场强度下降幅度很大；在图 3-7 中，煤样位置处于沿中线 0～0.05 m 处，沿中线 0.05 m 附近位置的电场强度曲线急剧下降；距煤样顶部约 0.04 m 位置的电场强度最大，这与煤样受热前的情况相反，而在该位置到谐振腔顶部范围内电场强度变化趋势不变，这是煤样吸收电磁波导致的。受煤体吸波影响，煤体内部电磁波分布均匀，从而可提高产热效率。

电磁波传播模式、频率以及煤样介电性质等都会影响电磁场在谐振腔空间的分布，利用软件对所构建模型进行模拟计算时，在一定微波频率下，煤样介电性质会对注热过程起决定性作用。

图 3-8 给出了谐振腔空间和煤样内的电磁功率损耗密度分布情况，电磁功率损耗密度是衡量煤体产热能力的参数。由图 3-8 可知，谐振腔空间内空气的电磁功率损耗密度为零，这说明空气不损耗微波能，仅有煤样消耗微波能并将其转化为热能。与图 3-6 所示煤样中电磁场分布情况相同，电磁功率损耗密度在煤样顶部两侧位置最大，即电场强度越大，电磁功率损耗密度就越大，两者呈正相关关系，煤样中线位置处电磁功率损耗密度分布情况也验证了这一观点，因此可根据该参数分析微波注热过程。

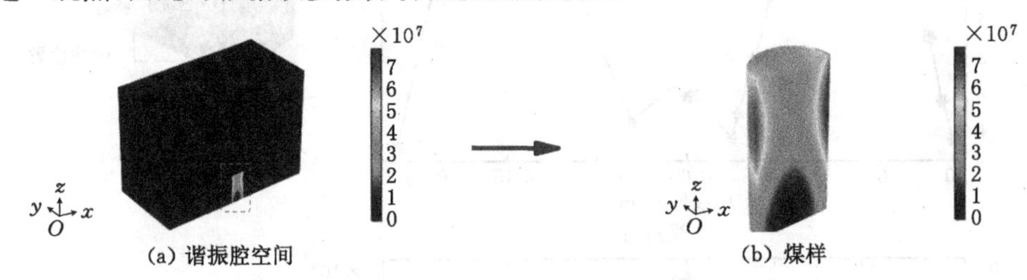


图 3-8　煤样的电磁功率损耗密度分布情况(单位：$W/m^3$)

(2) 温度演化规律

微波辐射下，煤样各种响应过程主要包括微波产热、煤样表面对流散热、热传导、液态水相变、流体传热，这些过程都会影响温度场在煤样中的分布。煤样吸波产热与消耗热量的表面对流散热及流体传热的影响因素综合作用，决定煤样温度场的变化规律，如图 3-9 所示，不同时刻的温度值用切片图、表面图展示，并用相同的图例表征高温、低温区域的发展趋势。

由图 3-9 可知，初始时刻煤样整体温度均为初始温度 293.15 K，微波加热后煤样温度出现差异。在 40 s 之前，煤样吸波产热较少，温度稳定缓慢上升，无明显高低温分区，最低温度上升值很小，这是因为产热量少，热传导、液态水相变、煤样表面对流散热过程变化幅度小。在 40～100 s 范围内，煤样升温速率加快，中上部两侧区域热量较多，功率损耗大，相比而言底部中心位置形成低温区域，功率损耗小；在该阶段介质损耗产热起主要作用，产热量大于散热量，随着加热时间增加，热传导和煤样表面对流散热比例增大，散热量增多，高温区

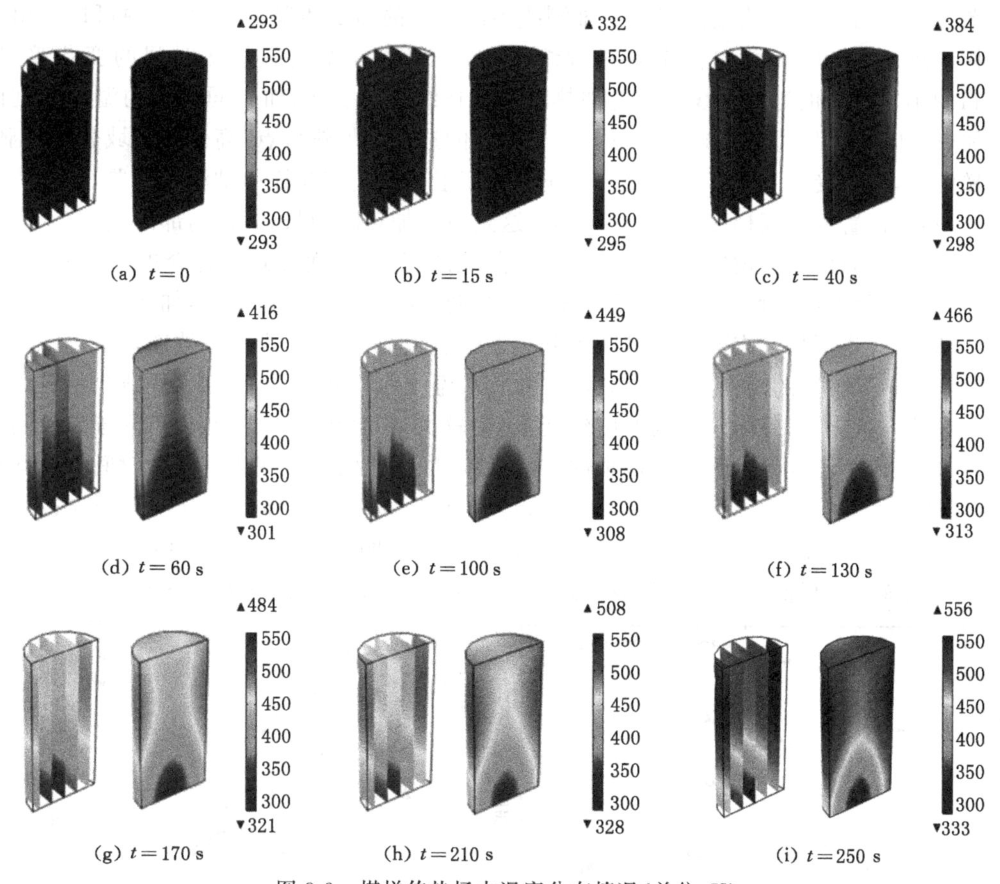


(a) $t=0$　(b) $t=15$ s　(c) $t=40$ s

(d) $t=60$ s　(e) $t=100$ s　(f) $t=130$ s

(g) $t=170$ s　(h) $t=210$ s　(i) $t=250$ s

图 3-9　煤样传热场中温度分布情况(单位:K)

域逐渐向中部发展。在 100～170 s 范围内,煤样温度继续上升,最高温度达 484 K,大量水分吸热相变,水蒸气浓度增大,同时热传导加剧,环境温度与煤样温度差异增大,煤样表面对流散热量增多,在多种因素综合作用下,高温区域发展缓慢。在 170～250 s 范围内,煤样温度加快升高,底部中心位置温度达 333 K;随着高低温区域温度增高,水相变、表面对流散热过程的变化幅度增大,使得因介电损耗积聚的热量减少,从而减慢了煤样升温速率。由于煤样温度演化受多种因素共同作用,加热过程中煤样内部温度分布不均匀,从而形成高低能量分区,为了探究煤样不同位置的温度变化规律,在模型中设置了表面测线和中轴测线,以便探究煤样表面和内部温度、温度梯度的分布规律,测线位置如图 3-10 所示。

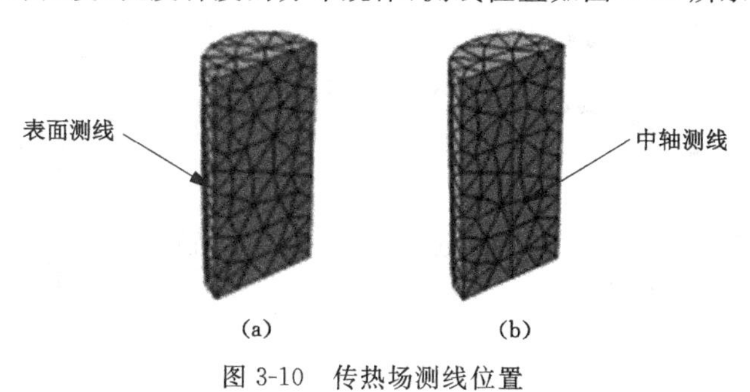


(a)　(b)

图 3-10　传热场测线位置

图 3-11 展示了煤样表面测线和中轴测线不同位置的温度和温度梯度，从中可以看出介电损耗产热、水相变、表面对流散热过程综合作用下，煤样温度随加热时间的变化趋势。图 3-11中不同位置的温度曲线在一定加热时间下连续平滑变化，而不同位置的温度梯度曲线随加热时间延长呈粗糙不规律形态。由于煤样的选择性加热特点，高低温区域分区明显，温度梯度大，煤样受热膨胀产生的热应力作用而变形破裂。在煤样中轴测线位置，随加热时间延长，不同位置的温度梯度变化幅度加大，这是由于加热时间长，煤样内部温度高，水分蒸发速率加快，高温区域某位置出现液态水完全蒸发的现象，从而导致煤样介电损耗异质性，这说明热传导使温度平均分布的作用不显著。从两测线温度曲线可看出，加热时间越长，煤样温度越高，这说明尽管表面散热量和水分蒸发吸热量增大，但是煤样吸波产热量仍占主导地位。煤样不同位置的温度演化规律也不相同，从温度曲线来看，煤样表面测线高温区域集中在中部偏上位置，而底部位置的温度较低，热量较少，中轴测线的中低温区域与表面测线的一致，但它的高温区域集中在煤样顶部；两测线不同位置的温度变化趋势随时间推移均相似，表面测线的温升速率较小，呈平缓变化趋势，这说明该测线上高低温分区不明显；相反，煤样中轴位置温升速率较大，曲线斜率较大，高低温分区明显。从温度梯度曲线来看，煤样中轴测线位置温度越低，温度梯度越小，这说明表面对流散热和液态水蒸发量小，煤样产热

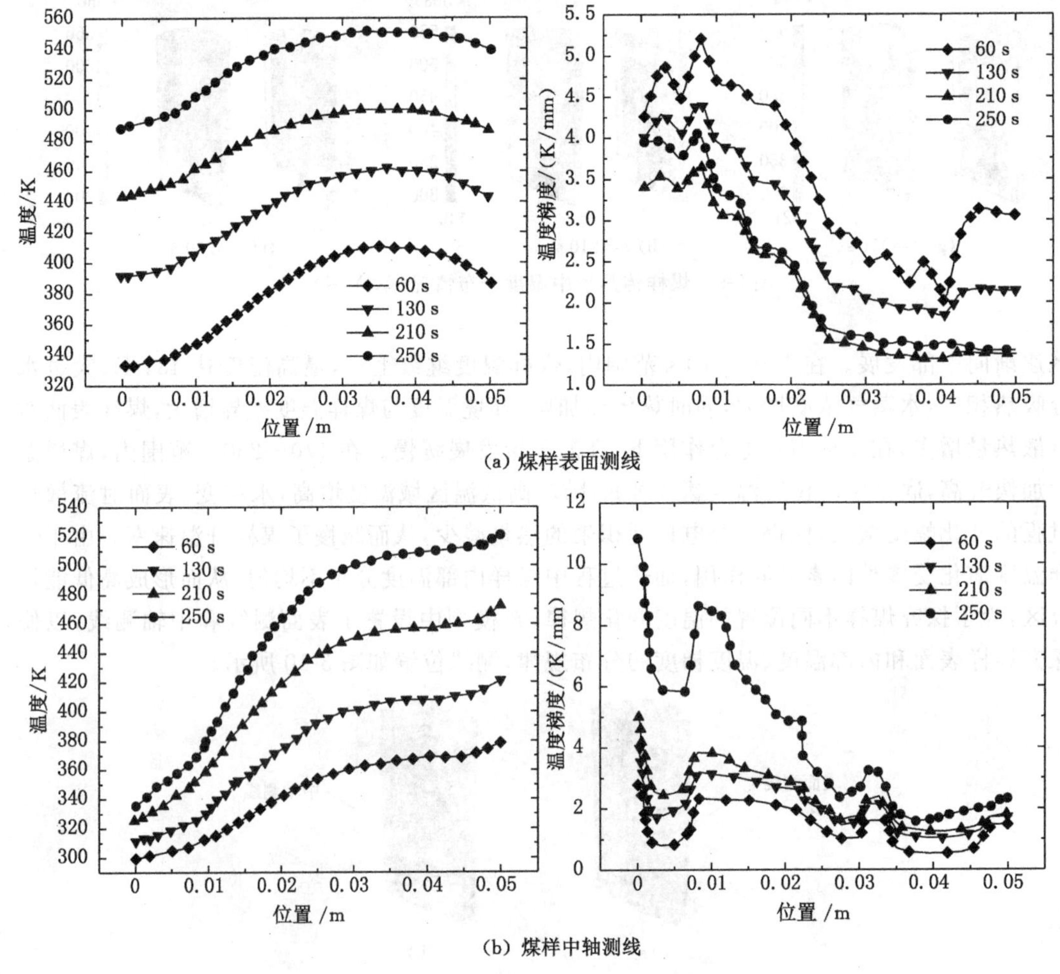


图 3-11 煤样测线处温度和温度梯度演化规律

量少,温度较高的中轴测线位置情况与之相反。煤样表面测线在 60 s 时的温度梯度曲线位于最上端,这可用该测线上的温度曲线说明,与其他三条曲线不同,60 s 时测线上温度最大值与最小值的差值较大,温度变化速率快,相应的温度梯度高。

受热 60 s、130 s 时,煤样中轴测线 0～0.01 m 位置温度较低,在 0.01 m 位置出现转折;随着位置坐标增大,温度升高,温升速率减慢,在靠近煤样顶部区域温升速率加快,温度在煤样顶部达到最大,这种温度变化的不均匀性导致相应的温度梯度曲线出现波动,并在0.01 m处出现凸点。受热 210 s、250 s 时,煤样高温区范围增大,大部分位置温度在 373 K 以上,液态水蒸发速率和水蒸气扩散速率均加快,表面散热量增多,最高温度和最低温度的差值加大,温度梯度升高,曲线波动性增强,尤其在 0.01 m 和 0.03 m 处,即温升速率的转折点位置出现突起。加热时间越长,水分蒸发量越大,从而导致高温区域某些位置液态水浓度为零;煤样吸波产生的热量大量积聚,使其温度迅速升高;又由于低温区域的液态水蒸发速率加快,温度平稳缓慢上升,在受热 250 s 时煤样温度梯度升至最高(11 K/mm)。

因此,液态水相变吸热对煤样温度梯度和温度分布起重要作用。由于微波加热煤体的整体性、选择性和高效率,在瓦斯抽采工程应用上,常采用微波注热系统提高煤储层渗透率。

(3) 传热源项影响分析

为尽可能还原实际情况,在模型构建中综合考虑了液态水吸热相变、煤样吸波产热、表面热对流和热传导等多方面因素对煤样温度变化的影响,但是每个变量对温度影响机理并不明确。为了详细分析单一变量对温度分布的影响程度,便于比较各因素在煤样升温演化中的作用大小,本书采用控制变量的方法对热绝缘、水分相变吸热和介电损耗产热作用机理进行研究,具体方案如下。

① 热绝缘:传热源项中包括水分相变吸热和介电损耗产热,煤样表面不与空气发生对流散热。

② 无水分相变吸热:传热源项中包括介电损耗产热和表面对流散热,不发生水分相变吸热。

③ 介电损耗产热:传热源项中仅包括介电损耗产热,无表面对流散热和水分相变吸热。

图 3-12 为不同传热源项对煤样温度的影响规律。通过分析煤样温度的最小值、最大值和平均值随加热时间变化规律,研究各源项作用下煤样高温、低温、整体温度发展趋势。由图 3-12可看出,煤样温度的发展过程分为三个阶段,即 0～80 s 阶段、80～200 s 阶段、200～250 s阶段。

由图 3-12(a)可知,在研究煤样温度最小值的演化趋势时,热绝缘、水分相变吸热和介电损耗产热三者影响差异不大,各类因素引起的热量散失量较小;由于流体流动中的热量传递,热绝缘影响下的煤样温度最小值在开始阶段高于介电损耗产热影响下的煤样温度最小值。图 3-12(b)展示了煤样高温区域在不同加热时间下的变化规律,其中,介电损耗产热和无水分相变吸热影响下的煤样温度最大值曲线在最初阶段上升速率快,而随着加热时间的延长,受温度梯度和热传导影响,高温位置的热量加速散失,高温区域温度最大值上升速率减慢;热绝缘影响下的煤样温度最大值曲线上升速率呈现"快—慢—快"的特征,该特征与水蒸气产生速率发展趋势一致。从图 3-12(c)中可看出,仅存在介电损耗产热因素影响下的煤样平均温度曲线位于其他两条曲线的上方,热绝缘条件下的煤样平均温度最低,这说明当输入相同微波能而只存在煤样产热过程时,易积聚热量,煤样升温速率最快,加热效果更好,该

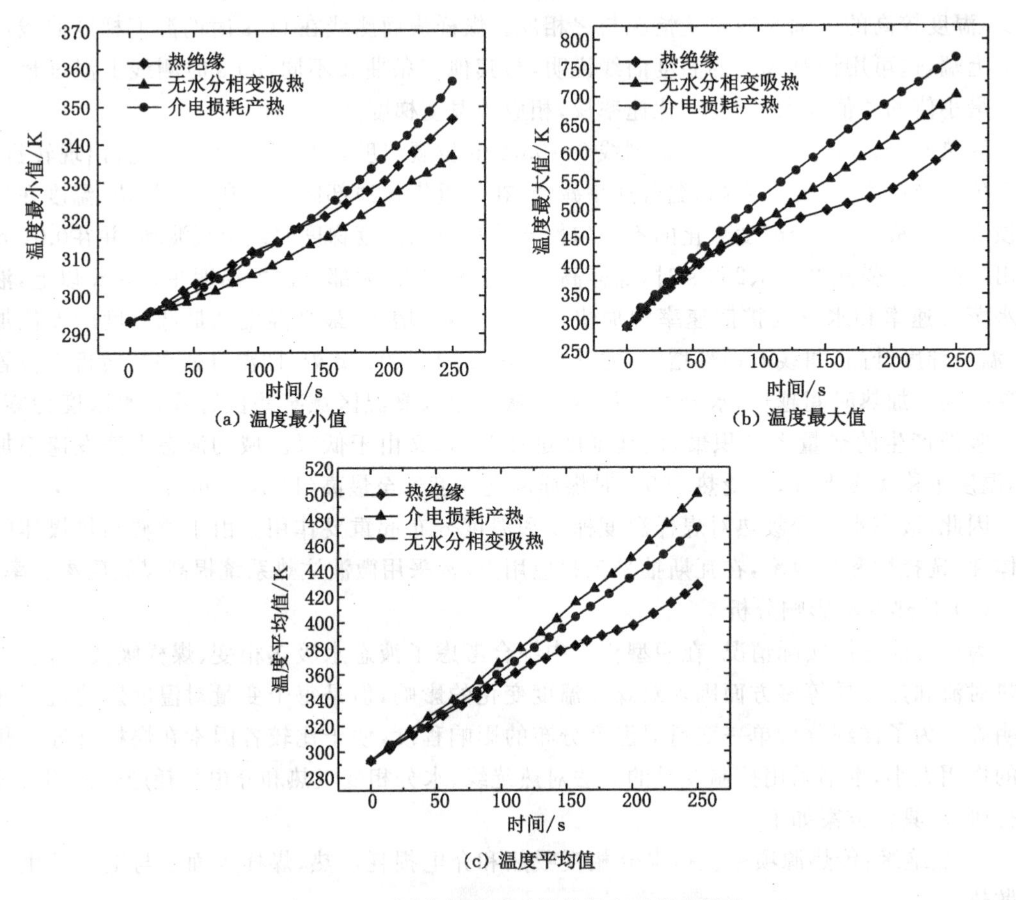

(a) 温度最小值

(b) 温度最大值

(c) 温度平均值

图 3-12　不同传热源项对煤样温度的影响规律

条件下煤样平均温度随加热时间单调线性上升。在有水分蒸发和表面散热情况下，煤样平均温度均呈现下降态势，且仅包含水分蒸发散热条件即热绝缘边界条件下，煤样散热量最大，煤样平均温度下降趋势最明显，这说明水分蒸发散热是导致煤样温度下降的主要因素；当不考虑水分相变吸热，且煤样中存在表面热对流时，相比介电损耗产热影响下的煤样平均温度，虽然煤样平均温度相对较低，温度上升速率偏小，但两者变化曲线类似，均单调线性上升。热绝缘条件下的煤样平均温度上升速率并不相同，其中在 0～80 s 时，温度呈线性增加，并以一定速率稳定上升，这一阶段的水分蒸发量较小，散热量少；在80～200 s时，温升速率减慢，水分蒸发速率加快，吸热量增大；随着加热时间继续增加，液态水大量消耗，某些高温位置的液态水浓度趋近零，使煤样整体散热量减少，温升速率呈上升趋势。

结合图 3-12(a)和图 3-12(b)可知，无水分相变吸热和介电损耗产热影响下，煤样温度最大值与最小值的差值均先增大后减小，而热绝缘影响下的煤样温度最大值与最小值的差值波动变化，呈现出先增大后减小再增大的变化趋势。热绝缘影响下的煤样温度演变特征与导热快慢、液态水蒸发程度和表面对流散热量有关，煤样受热时间较短时，液态水蒸发程度和表面热对流变化幅度小，导热速率慢，高低温差值主要取决于煤样受热的异质性；随着煤样加热时间延长，液态水蒸发、表面对流散热和热传导速率加快，导致温度分布向均匀状态发展；随着高温区域的液态水浓度不断减小，温度上升速率加快，同时低温区域的水分加速蒸发，散热量增大，最终导致高低温差值再次增大。

### 3.7.2　流体传质及固体变形特征

（1）流体传质特征

煤体在微波辐射下整体温度上升，其中，流体饱和度和流动传热影响对煤体温度演化和损伤变形起着关键作用。本节对煤样受热过程中的水分和水蒸气变化规律及引起的压力分布变化、煤样变形程度进行分析。随着煤样温度升高，水相变吸热导致液态水饱和度逐渐减小，水蒸气与空气组成的气态混合物含量不断增大，相应的气相压力逐渐升高，高压气体在压差驱动下向低压区域和煤样表面移动；流体传热、热传导及表面对流换热都会对温度分布产生影响，煤样受热异质性是温度和压力分布不均匀的主要原因，从而使煤样在集中应力作用下损伤变形。

图 3-13 展示了煤样液态水和水蒸气浓度在不同受热时间下的变化规律。从图 3-13 中可看出，煤样受热前，液态水和水蒸气浓度均为初始浓度，随着受热时间增加，煤样中不同位置液态水和水蒸气浓度变化幅度不同。当加热 60 s 时，煤样温度在 100 ℃以上的高温区域水分相变蒸发，液态水浓度降至 $7.36\times10^3$ mol/m$^3$，而水蒸气浓度升至 4.6 mol/m$^3$。由于煤样内部受热程度不同，温度梯度增大，高温区域液相水蒸发产生的水蒸气受压差作用，向低温位置及煤样表面运移，同时伴随热对流和热损失，相比水蒸气浓度分布，液态水浓度分布不连续，高低浓度区域之间有明显分区，这是液态水不易迁移引起的；低温区域的水蒸气浓度下降至1.9 mol/m$^3$，这说明其他位置的水蒸气向该区域的转移量要小于该区域水蒸气的散失量。当加热时间达 130 s 时，水蒸气最小浓度开始回升，这说明高温区域液态水蒸发量增多，其他位置水蒸气向该区域的转移速率加快，同时由于液态水渗流迁移速率增大，低

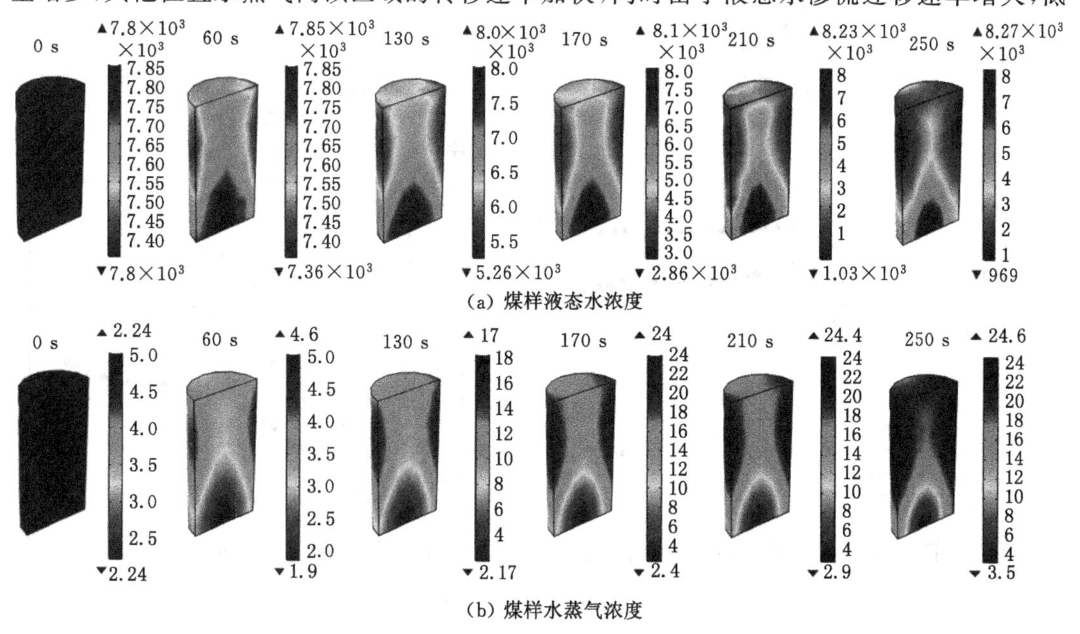


(a) 煤样液态水浓度

(b) 煤样水蒸气浓度

图 3-13　煤样水和水蒸气浓度分布(单位：mol/m$^3$)

浓度位置的水蒸气供给量增多，从而减缓了水分浓度降低速率。当加热 170 s 时，液态水继续减少，高压水蒸气向低温区扩散运动，水蒸气浓度上升速率加快。当加热 210 s 时，煤样温度持续上升，高温区域液态水大量蒸发，水蒸气不断增加，从而导致流向低温区域的水蒸气扩散速率加快，水蒸气最小浓度继续升高；当加热 250 s 时，高温区域液态水浓度下降速率减慢，低温区域液态水蒸发量加大，液态水浓度最大值缓慢上升。

煤样温度越高，越易致使产生的水蒸气大量扩散到空气中，流体迁移速率加快，脱水效应更明显，同时煤样内部温度和压力分布差异促使煤样变形破裂。

图 3-14 为煤样表面测线、中轴测线处的液态水和水蒸气浓度分布曲线。从图 3-14 中可得出，水蒸气浓度在不同加热时间下均呈平稳连续发展态势，而液态水浓度曲线呈凸起不规则趋势演化。在变化程度上，随着加热时间延长，整体上水蒸气浓度不断增加，而液态水浓度逐渐减小，并且两类曲线呈对称变化；根据质量守恒定律，液态水浓度下降值与水蒸气浓度增加值相等，但由于水蒸气的表面耗散，液态水浓度下降值要比水蒸气浓度的增加值大，随着煤样内部水蒸气的净增加量逐渐加大，当达到一定压力时，煤样开始发生变形。两条测线的水及水蒸气浓度的演化趋势均与温度分布情况相符，并且由于表面测线上高低温度分区相比中轴测线不太明显，因此不同位置的水蒸气浓度变化不大。加热 60 s 时，水蒸

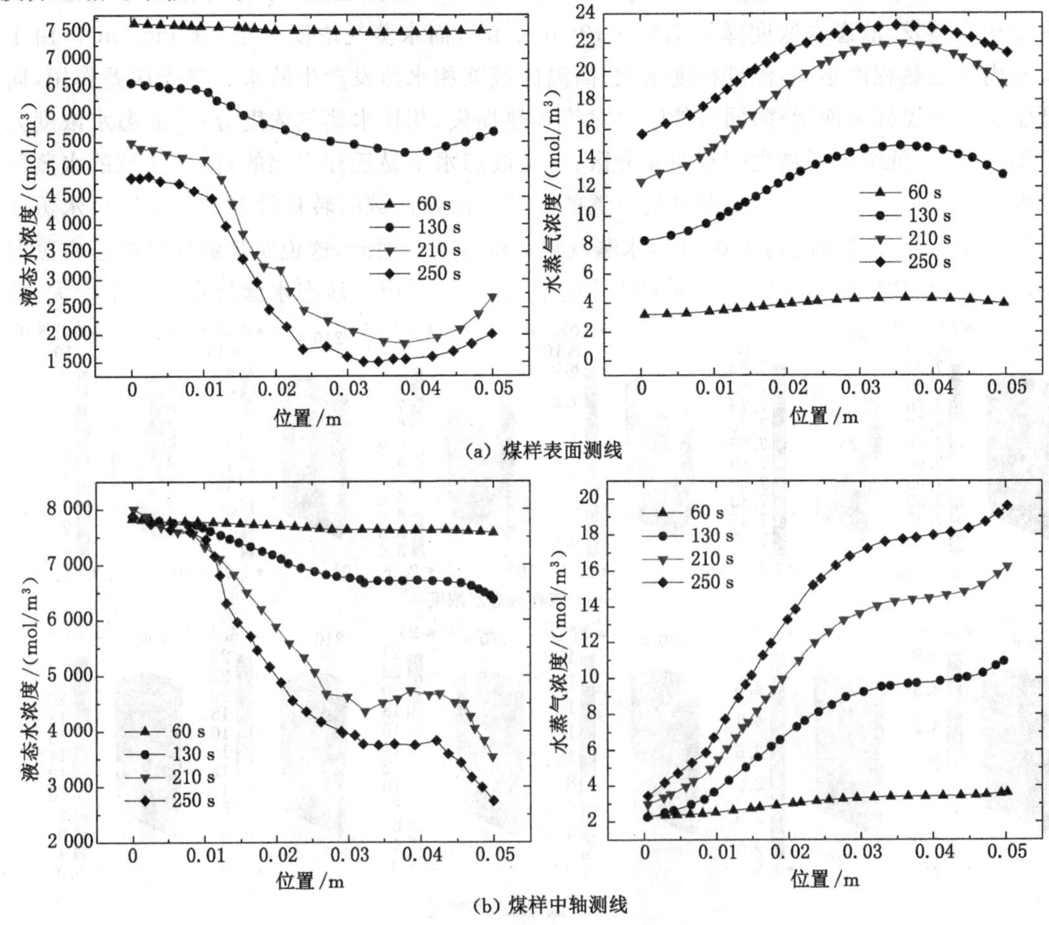


(a) 煤样表面测线

(b) 煤样中轴测线

图 3-14 煤样测线处液态水和水蒸气浓度分布曲线

气浓度曲线缓慢平稳变化，水蒸气变化量较小；加热 130 s 时，水蒸气浓度明显增加，这说明高温区域水分蒸发速率加快，液态水浓度下降值增大；加热 210 s 时，煤样温度普遍升高，低温区域液态水蒸发量加大，水蒸气浓度继续上升；加热 250 s 时，水蒸气浓度变化幅度减小，高温区域液态水浓度降至 1 508 mol/m³，蒸发速率降低，水蒸气浓度增加至最大，并在压差驱动下向低温区域扩散。

图 3-15 展示了煤样液态水和水蒸气含量随加热时间的演化规律，其中，液态水和水蒸气含量为流体摩尔浓度对煤样体积积分后的总含量。从图 3-15 中可看出，液态水蒸发量随加热时间变化规律与煤样内部保留的水蒸气浓度变化趋势并不相同，这是因为煤样受热过程中，由于温度和压力分布不规律，一部分水蒸气迁移到煤样表面并携带热量溢散至空气中，这部分气体占液态水蒸发量的绝大部分，而导致煤样变形的压力仅来源于保留在煤样中的剩余水蒸气。从流体饱和度曲线可看出，当滞留水蒸气饱和度从 0.012 升至 0.15 时，液态水饱和度降至 0.43，这说明残留在煤样中的水蒸气含量不断增大，使煤样因压力作用而

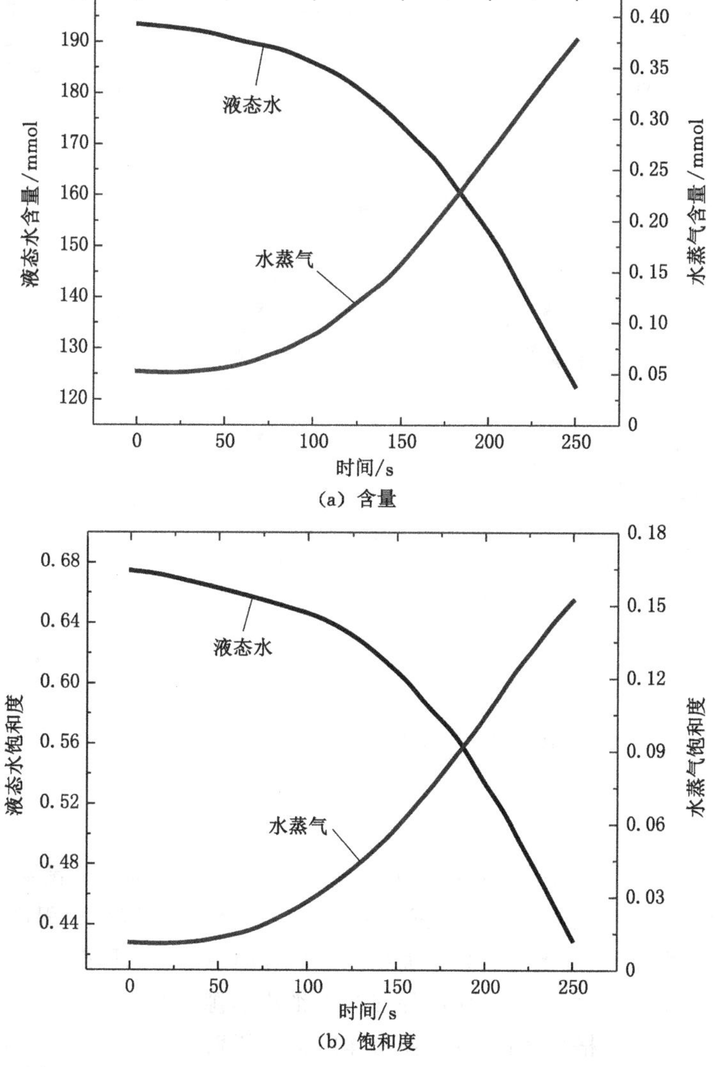


图 3-15　煤样液态水和水蒸气含量及饱和度随加热时间的演化规律

损伤。

图 3-16 是煤样中轴位置压差(压力与大气压之差)分布曲线。从图 3-16 中可看出,加热 60 s 时,煤样内部中轴位置压力都在大气压力之上,这说明高温区域的水分已经开始蒸发,并向低温压力较小的位置扩散,煤样整体压力升高,但由于水蒸气的扩散速率慢和煤样渗透性弱,产生的水蒸气散失到外部空气中的量较小。由于煤的选择性加热特点,不均匀加热使煤样出现温度分区,从而使分区位置的压力梯度增大。加热 130 s 时,煤样温度升高,压力梯度增大,高压气体向煤样表面迁移速率加快,导致水蒸气散失量增加,部分区域压力下降。加热 210 s 时,煤样中轴位置水蒸气浓度普遍增加,气体迁移速率继续提高,高温位置压差升至 1.05 kPa。加热 250 s 时,煤样整体压力下降,水蒸发速率减慢。在实际煤层气抽采中,要考虑加热时间对煤体增裂效果,提高煤层气抽采效率。

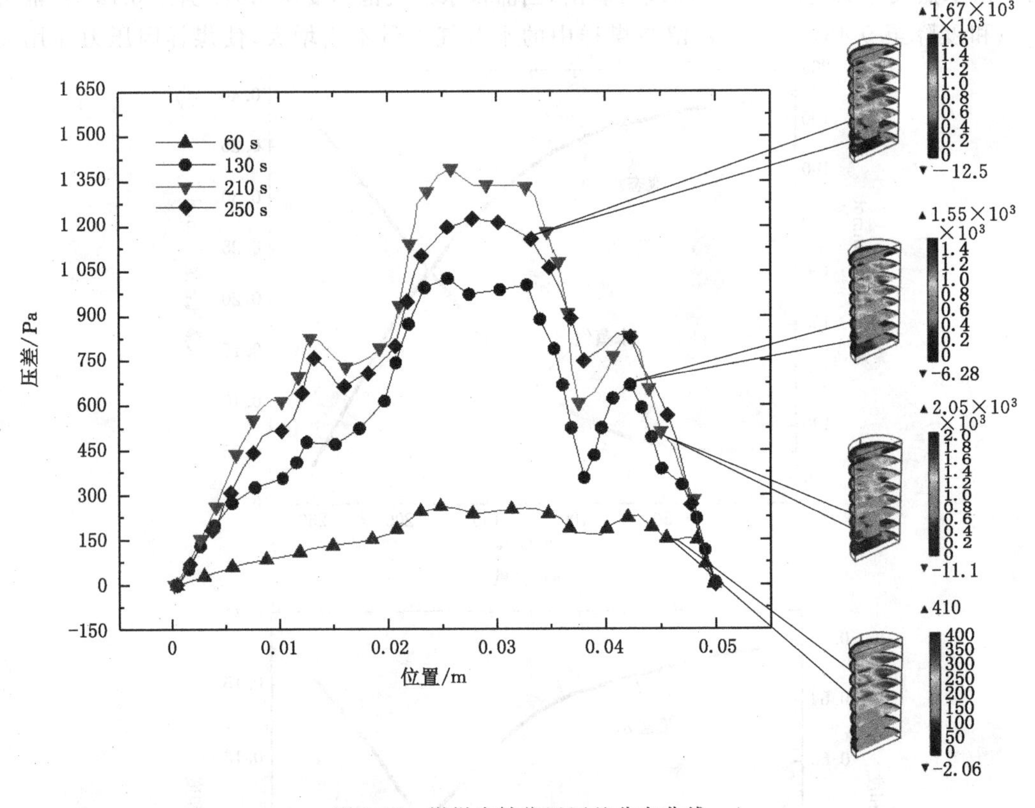


图 3-16 煤样中轴位置压差分布曲线

(2) 固体变形特征

由于煤样选择性加热和受热过程中水分含量的变化,煤样内部各位置温度并不相等,不同受热时间下的温度梯度也不相同。根据方程(3-28),煤体热膨胀变形程度随煤体温度与初始温度的差值发生变化,两者呈正相关关系。实际应用中对煤储层微波注热,当煤体变形量超过煤体固有承受能力时,会在煤体内外部产生细小裂隙,使瓦斯更易运移;在仿真模型中将固体位移量输入动网格物理接口中,使煤体网格重新划分,从而对其他物理场的计算产生影响。

图 3-17 展示了煤样在不同加热时间下的变形量。在构建模型时，将煤样底部中心位置固定，将底面设置成“辊支承”边界条件，侧面和顶面无约束，因此在微波加热时，煤样下部位置的变形量变化很小，上部受温差影响发生明显偏移，煤样在受热之前位移几乎为零；从煤样变形量的分布图可以看出，煤样向左弯曲，顶面明显不平整，变形量在煤样两侧最为突出，这与高温区域分布情况相符。模拟结果中未出现煤样损伤断裂，这是由于仿真软件通过求解多物理场偏微分方程，使用有限元数学计算法进行仿真，所以只能通过变形量分布情况预测煤样损伤位置和程度。

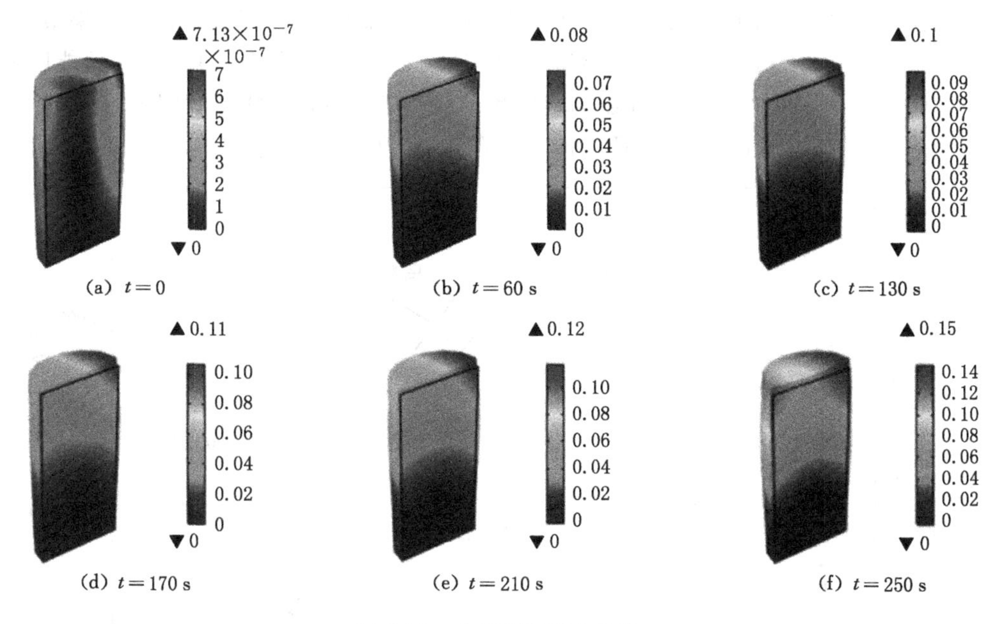


(a) $t=0$　(b) $t=60$ s　(c) $t=130$ s

(d) $t=170$ s　(e) $t=210$ s　(f) $t=250$ s

图 3-17 煤样变形演化规律

### 3.7.3 敏感性分析

微波辐射系统中影响煤样各物理场分布的因素有很多，微波频率、输入的能量、谐振腔中煤样所在的位置等，都会导致腔体空间中电磁场重新分布，从而对煤样受热过程造成影响。磁控管产生一定频率的微波能，通过主导煤样产热量控制煤样响应过程；输入煤样的能量通过输入功率和时间的乘积来表述，主要决定煤样升温速率和程度；煤样在谐振腔中的位置不同，也会影响腔体空间内电磁场分布；不同的微波源开启方式即溃口模式，会影响谐振腔中电磁场分布形态。本研究通过只开启一个或同时开启两个波导，探讨两个不同位置的波导对煤样受热过程的影响规律。

(1) 微波频率影响分析

不同频率的微波在谐振腔内的传播规律，以及对煤样介电损耗影响差异很大。磁控管的负载高频输出阻抗，以及其中的阴阳极电压差决定所产生微波的频率，微波发射源产生的时变频率受倍压器中电压不稳定以及受载物体的电磁阻抗影响，当发出的不同频率微波作用于煤样时，电场分布的实时更新导致煤样损耗性质和传热场、流体传质等不断变化，使研究问题更为复杂。实验系统中将煤样辐射的微波频率控制在 2.4～2.51 GHz，为探讨微波频率的波动对煤样的影响程度，模拟中选用 2.41～2.51 GHz，每间隔 0.02 GHz 进行仿真，由于电磁场分布决定传热场分布形态，温度场又对其他物理场演化趋势起控制作用，因此在研究微波频率对煤样的影响时，通过电场分布图展示各频率作用差异。

图 3-18 和图 3-19 为不同微波频率下谐振腔和煤样的电场分布。从图中可看出，谐振腔和煤样内电场强度分布明显不同，并且差距很大。从曲线图中可看出，不同频率下电场强度变化规律并不明显，几何模型是按照 2.45 GHz 的辐射频率构建的，波导和腔体尺寸、煤样摆放位置都会影响电场分布，其中 2.45 GHz 和 2.49 GHz 的驻波较稳定，腔体和煤样内部的电磁场均匀分布，相比而言，2.45 GHz 的平均电场强度最大，对煤样注热效果最好；微波频率为2.41 GHz、2.43 GHz、2.47 GHz、2.51 GHz 时，电磁场分布不稳定，高低能区分布无规律。激发频率的时变性和其控制的网格数目增加都会加大计算量，增大收敛难度，模拟中统一采用2.45 GHz进行仿真，以便于简化计算，易于拟合。

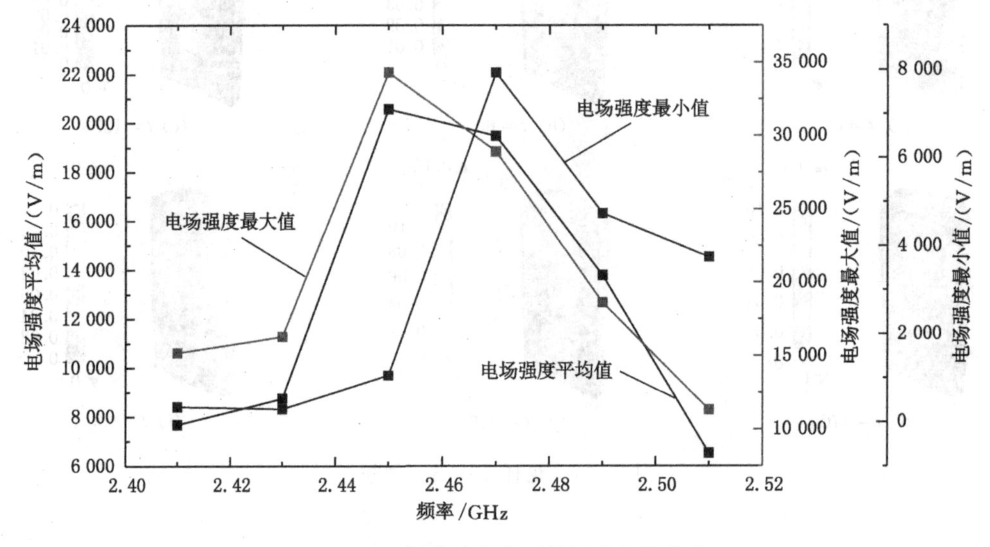


图 3-18　不同微波频率下谐振腔电场强度

(2) 微波功率影响分析

当对煤样输入不同功率时，煤样温度升高速率、上升程度及液态水、气体的分布状态和变化速率也会不同，微波功率是研究煤样受热响应过程的关键因素。在探究微波功率的影响时，应考虑煤样中温度变化情况和水分演化规律。

图 3-20 表明，输入功率不同时，煤样温度和变化速率也不相同。本研究选用四个能量对比分析不同输入功率影响下煤样温度差异，探讨能量一定时煤样温度随输入功率的变化趋势。从图 3-20 中可看出，输入能量越高，煤样温度的平均值、最大值和最小值均增大，这说明煤样介电产热量增多；当输入能量确定时，随着输入功率增大，煤样温度最小值演化趋势正好与温度最大值、平均值的相反；输入功率越大，加热时间越短，高温位置水分吸热和与外界对流散热量越小，煤样温度上升速率加快，同时热传导不充分，供给低温区域的热量少，高低温区域分区明显，这说明输入功率可控制煤样温度场的均匀程度。从曲线图中还可看出，煤样温度最大值和最小值随输入功率增大变化幅度较大，而平均温度缓慢平稳上升，这说明能量固定时，煤样整体温度无明显变化，两者有控制关系；并且随着输入功率增加，煤样

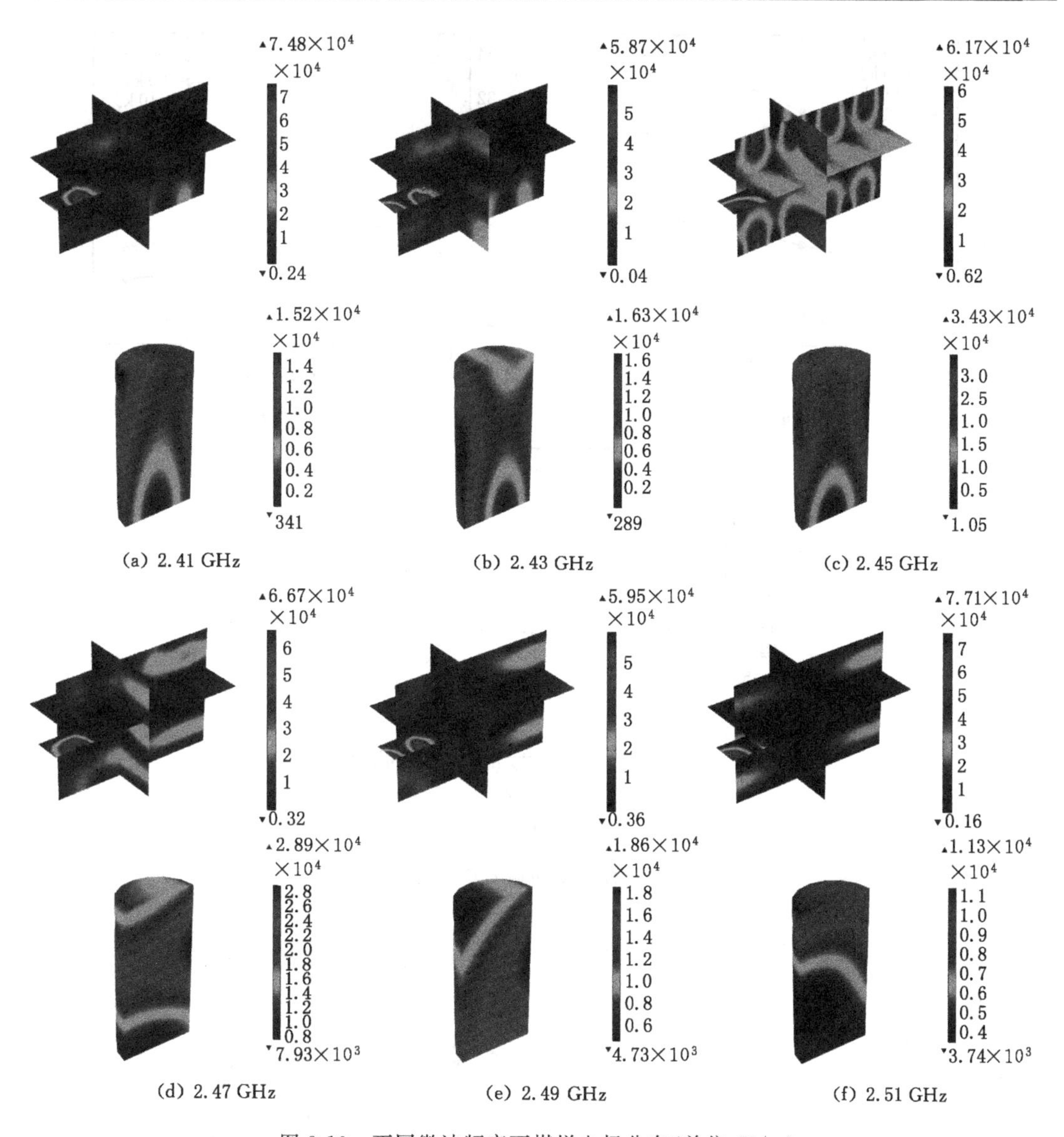


(a) 2.41 GHz　(b) 2.43 GHz　(c) 2.45 GHz

(d) 2.47 GHz　(e) 2.49 GHz　(f) 2.51 GHz

图 3-19　不同微波频率下煤样电场分布(单位:V/m)

温度变化速率减小,这说明水分蒸发耗热量和与外界对流散热量均增大;当输入能量增大时,煤样温度变化曲线的斜率增大,这是因为高能量的微波能提升煤样加热效率,高温促使水分蒸发和表面散热,反过来更易增大温度分布的差异性。

图 3-21 是不同输入功率下的煤样温度变化规律,用来反映煤样温度均匀性。从图 3-21 中可得出,能量越大,煤样温度分布越不均匀,这说明煤样温度最大值上升幅度要大于煤样温度最小值上升幅度。随着输入功率增加,煤样温差升高,这说明煤样高低温区域分区更明显。随着能量增大,同一输入功率时加热时间延长,在加热初期,煤样温差上升速率较快,随着加热时间增加,温差曲线斜率减小,温差呈缓慢上升趋势,产生该种现象的原因是高低温区域温度变化幅度不同,并且热量转移减慢,随受热时间增加,高温区域受水分吸热影响大,耗热多,而低温区域受影响小,温度上升速率快。随加热时间增加,输入功率为 0.5 kW 和

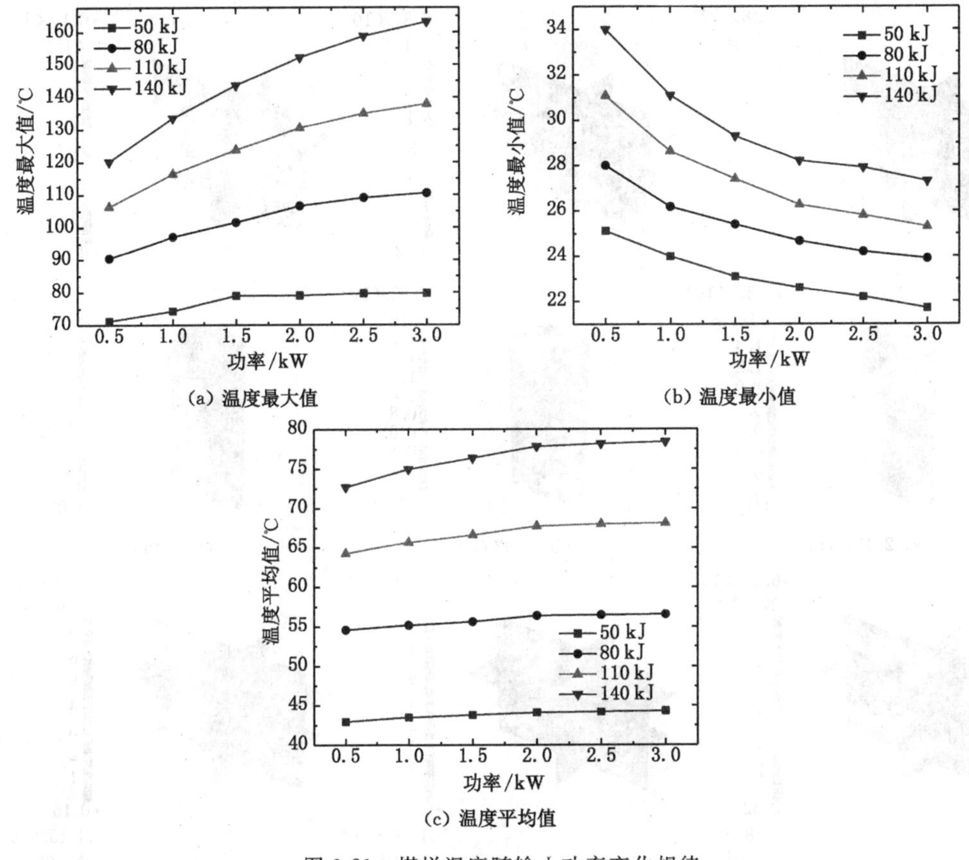


(a) 温度最大值

(b) 温度最小值

(c) 温度平均值

图 3-20　煤样温度随输入功率变化规律

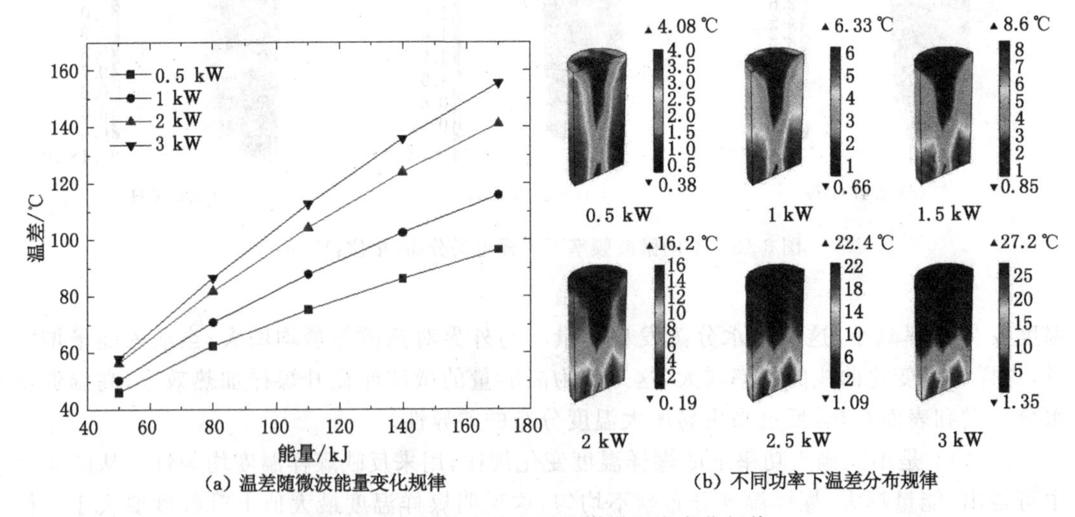


(a) 温差随微波能量变化规律

(b) 不同功率下温差分布规律

图 3-21　不同输入功率下的煤样温度变化规律

1 kW下的温差上升速率较小，这说明高低温区域温差小，低输入功率下煤样加热速率低，温升速率小，从而导致水分蒸发量少。当输入功率为 2 kW 和 3 kW 时，随加热时间增加，温差上升幅度较大，这是因为大功率加热煤样时，温升速率加快，水分蒸发量增大，随着加热时间延长，高温区域液态水浓度逐渐减小，导致水分蒸发散热量减少，而低温区域的液态水仍在持续蒸发，使升温速率降低。由于液态水蒸发速率加快，高温位置水蒸气饱和时间缩短，故输入功率为 3 kW 时煤样温度不均匀升高。图 3-21(b)为煤样温度梯度在不同输入功率下的分布图，当输入功率为 0.5～1.5 kW 时，煤样温度梯度较小，煤样各位置之间的温度差异小；当输入功率为 2～3 kW 时，煤样温度梯度增大，高低温区域分界明显，在此功率范围内加热时，极易导致煤样损伤破裂。

图 3-22 绘制了煤样表面测线处在不同输入功率下的水分变化情况，加热时间分别为

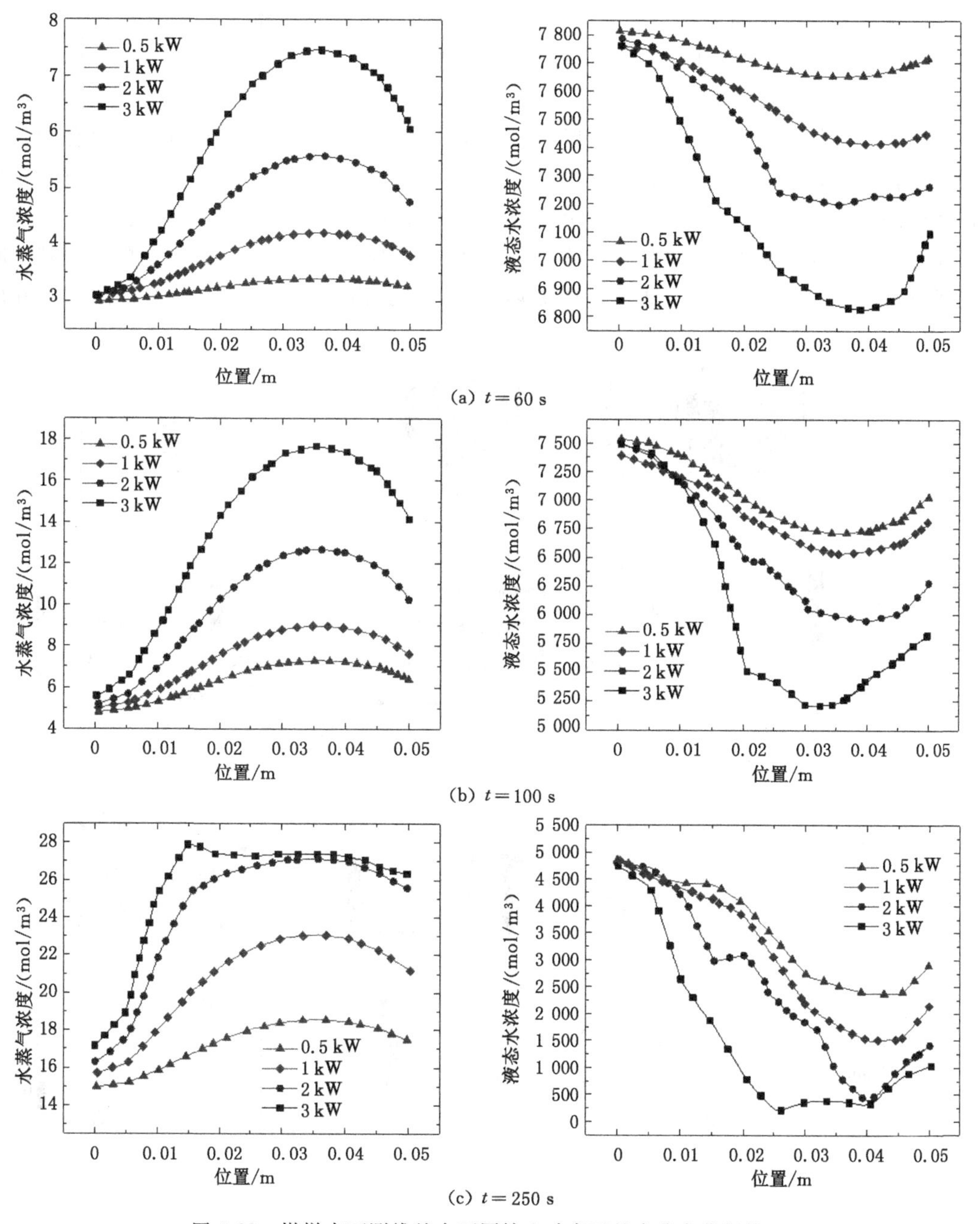


图 3-22 煤样表面测线处在不同输入功率下的水分变化规律

60 s、100 s、250 s。图 3-22 表明，随加热时间增加，液态水浓度降低，导致水蒸气的含量逐渐增加，并且输入功率不同时液态水和水蒸气浓度变化特征存在差异。当输入功率为 0.5～1 kW时，随输入功率增大，逐渐升高的温度使液态水持续蒸发，液态水含量不断减少。当输入功率升至 2 kW 时，煤样整体液态水浓度降低，在受热 250 s 时，液态水浓度降到最低，同时高温区域的水蒸气浓度处于平衡状态，高温区域水蒸气不断向低压区域和煤样表面扩散。当输入功率达 3 kW 时，在受热 250 s 时煤样低温区域水分含量继续减少，而水蒸气浓度增加速率减缓，并在高温位置几乎保持不变。根据以上分析可以得出，随着输入功率增大，液态水减少量和水蒸气增加量均提高；当高温区域的水蒸气处于饱和状态时，水蒸气向低压区域迁移量增大，从而使其他区域水蒸气浓度不断升高。

(3) 微波源开启方式影响分析

构建微波辐射模型时，只开启谐振腔左侧波导对应的微波源，考察煤样受热过程中各物理场演化规律，以便于提高计算能力，加快收敛速率。为了探究不同的微波源开启方式对煤样注热的影响，本研究设置三种微波源开启方式：只开启谐振腔左侧对应的微波源、只开启谐振腔后侧对应的微波源、两侧微波源同时开启，通过对比三种加热方式引起的谐振腔空间电场分布情况，考察哪一种方式对煤样加热效率更高。由图 3-23 可得出，三种微波源开启

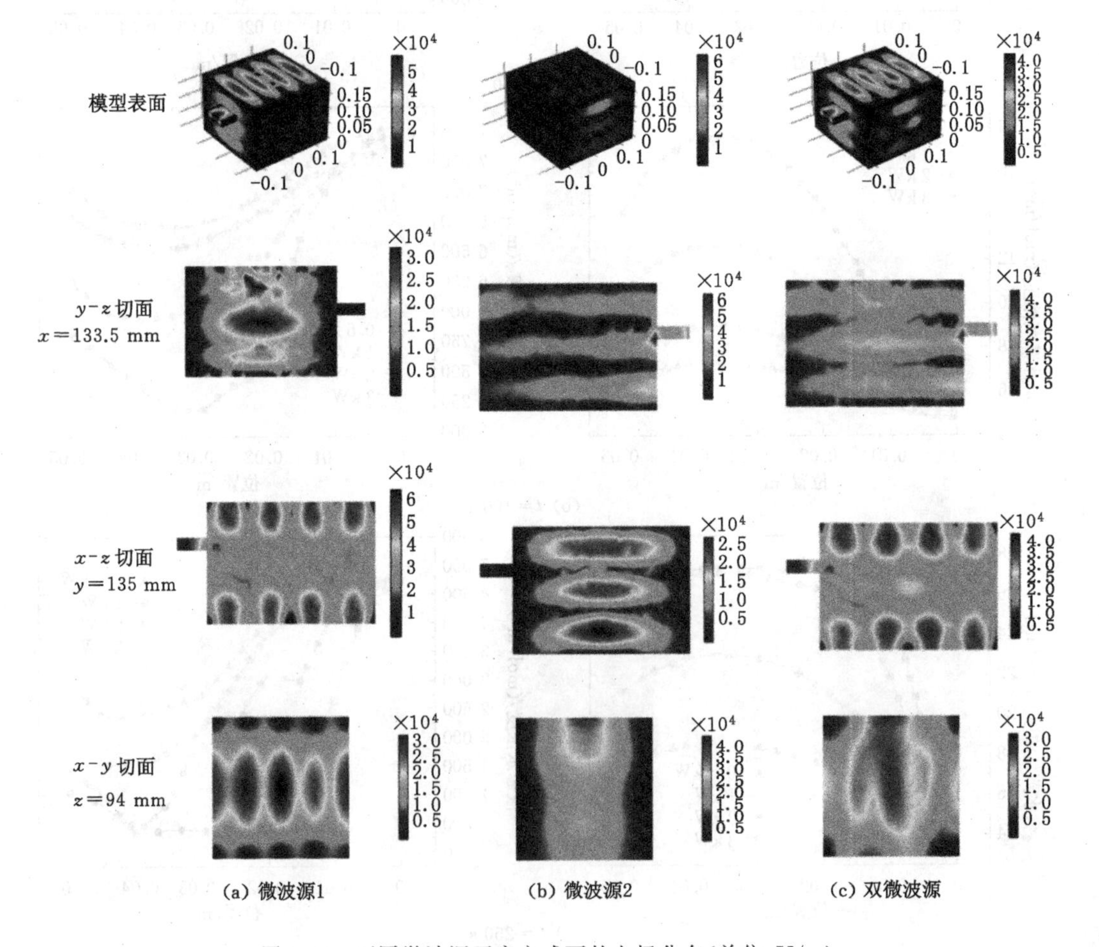


图 3-23　不同微波源开启方式下的电场分布(单位：V/m)

方式所引起的腔体中电场分布差异很大，相比只开启单侧微波源，两侧微波源同时开启方式造成的腔体电场分布更均匀，各方向均分布一定强度的电场，因此在实验条件下，为了提高煤样加热效率、增大输入功率，应开启双微波源；在进行煤样微波加热实验时，为研究煤样受热的响应规律，以及各参数对煤样升温效果的影响，应统一微波源开启方式，以控制微波源开启方式造成的差异。

（4）煤样位置影响分析

在进行微波辐射煤样实验时，煤样可放置于谐振腔任何位置。为了探究煤样摆放位置是否会对电场分布产生影响，本研究在腔体空间坐标的水平和竖直方向上分别选取三个不同坐标点，考察煤样在不同位置的电场分布差异。图 3-24 为煤样摆放在 $xOy$ 平面的不同坐标下的电场分布情况，图 3-25 是煤样摆放在 $xOz$ 平面的不同高度下的电场分布情况。根据图 3-24 和图 3-25 可以看出，腔体的电场分布受煤样放置位置影响，不同位置下的电场分布存在明显差别，因而对煤样温度分布情况和温升效率影响不同。所以在微波辐射煤样系统中，煤样放置位置应固定不变，以减少实验结果偏差。一般在实验系统和仿真模型中，煤样处在谐振腔底部中央位置，这是由于在实验条件下，测量煤样升温情况的红外测温装置固定在谐振腔上方，在水平方向上不可移动，同时为便于操作，煤样放置于腔体底部较为恰当。

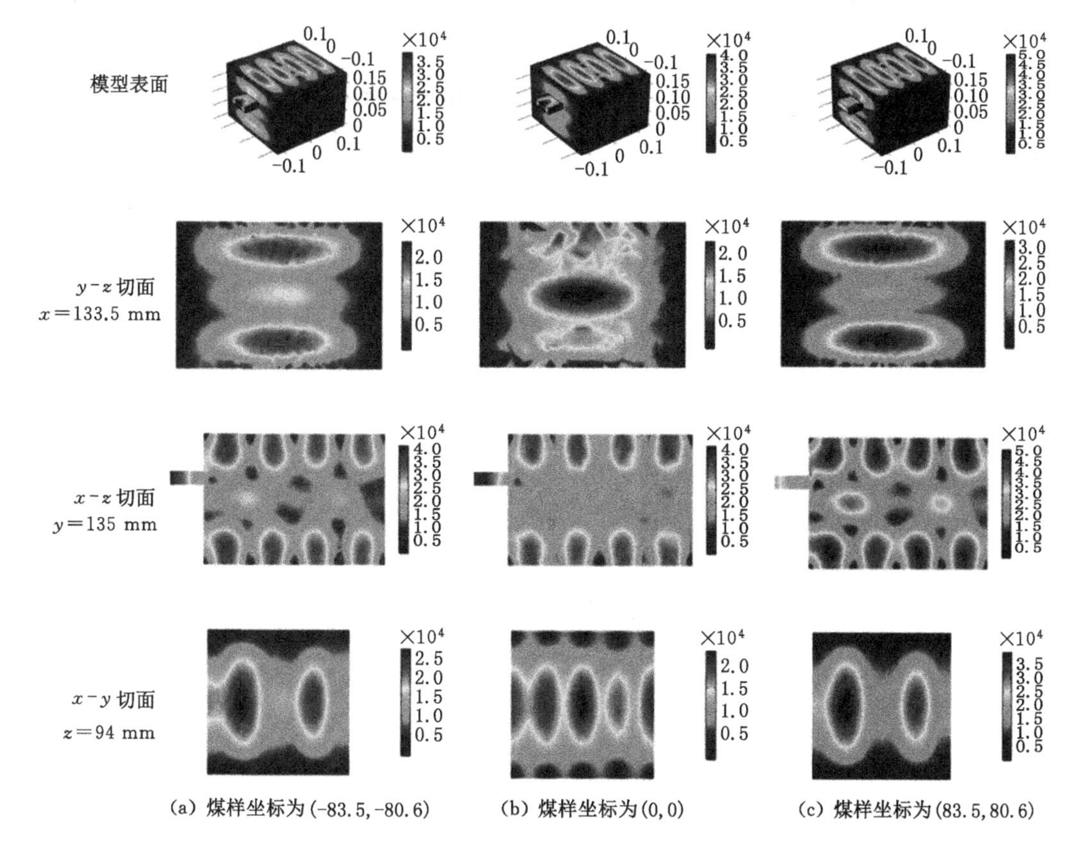


图 3-24　煤样在 $xOy$ 平面不同坐标下的电场分布(单位:V/m)

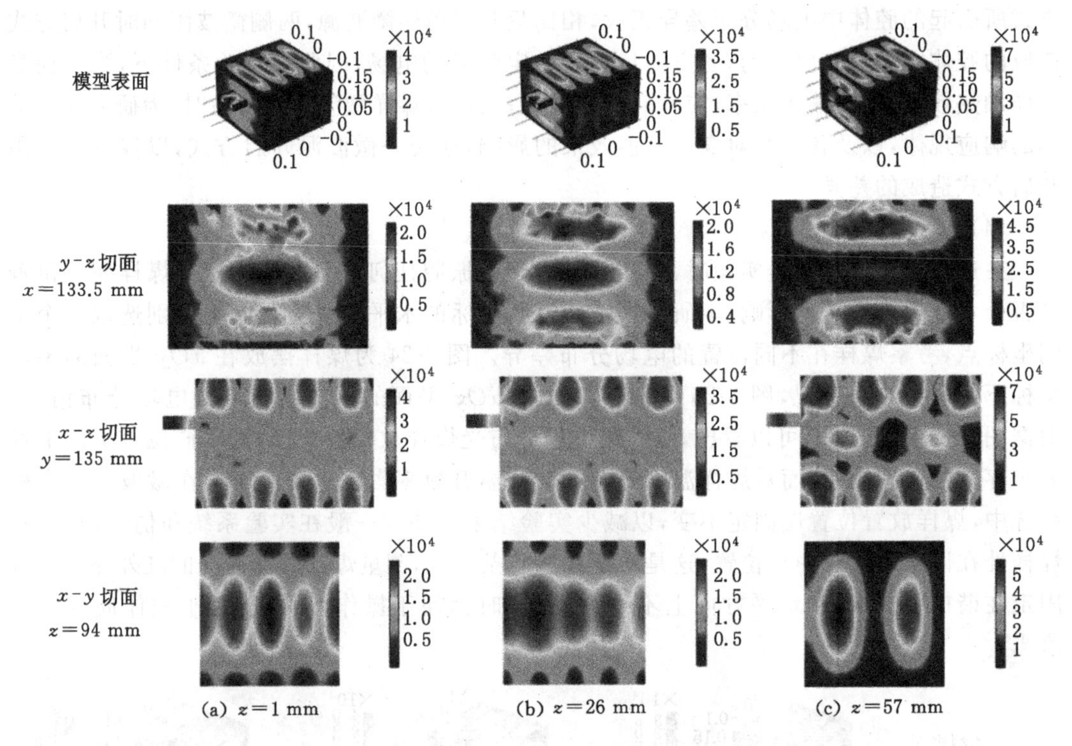


图 3-25　煤样在 $xOz$ 平面不同高度下的电场分布(单位:V/m)

# 4　实验装置及实验方案

## 4.1　实验装置

微波辐射下煤样甲烷解吸实验装置由微波发生器、吸附解吸罐、气体供给单元、气体测量单元、温度测量单元及抽真空单元组成，如图 4-1 所示。

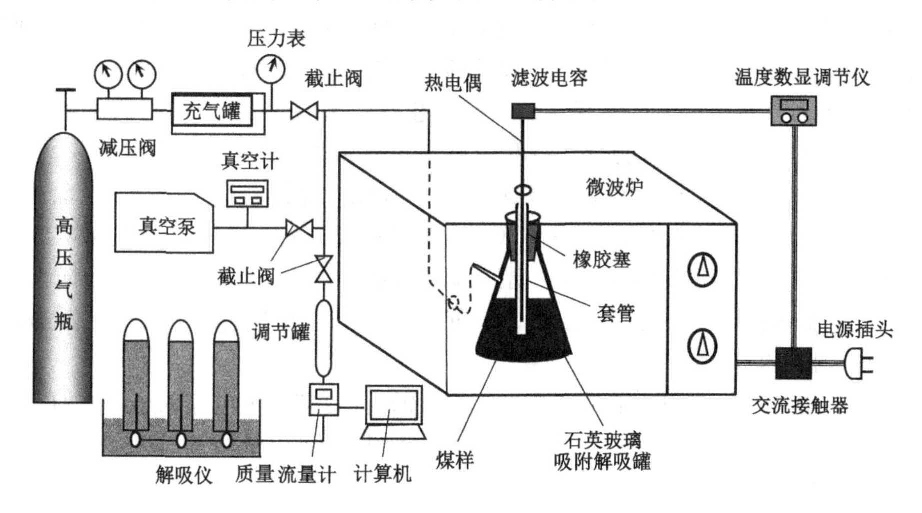


图 4-1　微波辐射下煤样甲烷解吸实验装置

实验所用微波发生器是由美的 MM823LA6-NS 型微波炉(微波工作频率:2 450 MHz，额定输入功率:1 300 W，微波输出功率:800 W)及格兰仕 G90F23CN3PV-BM1(G1)型微波炉(微波工作频率:2 450 MHz，额定输入功率:1 400 W，微波输出功率可调，最大微波输出功率:900 W)改造而成的，在微波炉顶部中心位置开设小孔，便于用热电偶实时测量煤样温度，在微波炉后侧中下部开设一小孔，用于向吸附解吸罐通入甲烷气体。开设小孔直径不宜过大，以免热量散失过多影响实验进行以及温度测量的准确性；同时制作了专用防微波泄露管与之配套使用，防止微波泄露危害实验人员。

微波遇到金属材料时会发生反射，遇到玻璃、橡胶、塑料、陶瓷等绝缘材料则可以穿透，遇到介于绝缘材料与金属材料之间的电介质材料时可被吸收。鉴于微波这一特性，以往用于离线式作用的煤样不锈钢吸附罐不再符合实验要求。要使微波发生器发出的微波对煤样产生作用，必须采用透波性能良好的材料制作煤样吸附解吸罐。经过对多种材料进行微波条件下的实验模拟，发现石英玻璃完全能够满足实验要求，且其具有良好的耐高温高压性能，另外，还便于在实验过程中随时观察煤样变化情况。为此，制作了特定实验条件下使用的石英玻璃吸附解吸罐，并制作了与之配套的用于密封的专用橡胶塞。该石英玻璃吸附解吸罐能承受 800 ℃的高温，且其设计承压能力不低于 2 MPa，能够满足实验要求。吸附解吸罐体的中上部预制有用于通气的细管，细管可经由微波炉腔体右侧的细孔伸出炉体，实现吸附解吸罐内甲烷的进出。

气体供给单元由高压气瓶、减压阀、充气罐、精密压力表以及管道组成。其中，高压气瓶中的气体为 99.99% 的高纯度 $CH_4$；精密压力表分度值为 0.02 MPa，可测压范围为0～2.6 MPa。

气体测量单元由质量流量计与解吸仪组成，并设置调节罐以增强解吸气体与室内环境的热交换，保证测量前气体温度与室温一致。

抽真空单元由真空泵和真空计组成。真空泵选用上海真空泵厂有限公司生产的2XZ-4 型旋片式真空泵，其极限压力为$6.0\times10^{-2}$ Pa。

温度测量单元由热电偶、温度数显调节仪及滤波电容组成。其中，热电偶选用型号为 WRNK 的 K 型铠装热电偶，具有能弯曲、耐高压、热响应时间快和坚固耐用等一系列优点。值得注意的是，如不加保护措施，热电偶深入微波炉腔体内会出现“打火”现象，易对实验装置造成损坏以及对实验人员安全造成威胁。为防止这一现象，考虑在热电偶末端加一滤波电容。温度数显调节仪一方面与热电偶相连，可用于显示微波炉体内煤样温度；另一方面，与交流接触器连接，可实现对微波炉高温断电控制，以预防煤样温度过高而发生危险。查阅资料可知，煤的热解温度一般为 200～300 ℃，为保证实验安全进行及防止煤样高温热解，将断电温度设定为 150 ℃。实验时将热电偶感温端部通过特制的石英玻璃套管插入煤样底部，用以测量实验过程中煤样的实时温度。石英玻璃套管与石英玻璃吸附解吸罐口之间为上述用于密封的专用橡胶塞。

此外，整个充气单元还加装了一个与大气相连的阀门，其一可以保证充气罐的压力精确达到所需要的压力；其二可以保证万一甲烷气体充入过多，可以通过阀门放空部分气体以免煤样吸附解吸罐受到高压作用而产生爆裂危险。

在水浴模拟微波作用煤样温度变化对煤的甲烷解吸影响实验中，水浴装置采用中煤科工集团重庆研究院有限公司生产的 HC10 型恒温水槽，其可测温度受大气压、介质沸点的限制，大致范围为 10～95 ℃，且连续可调。在实验室条件下，该装置温度均匀度为±0.2 ℃，温度波动度为±0.1 ℃，可以精准实现实验所需的变温条件和水浴模拟时对温度的微调要求。该装置如图 4-2 所示。

对原煤样及微波作用后煤样的比表面积、孔体积、孔径分布分析选用美国麦克仪器公司生产的 ASAP 2020 型比表面积分析仪，其各参数的测试范围为：比表面积从 0.000 5 $m^2/g$ 至无上限；孔径分布测量范围从 3.5 Å 至 5 000 Å，微孔区段的分辨率为 0.2 Å；孔体积检测下限为 0.000 1 mL/g。整个装置的测量、转换和计算均采用了精度极高的软件、硬件，从而使系统误差大幅度降低，实验结果更具有说服力和准确性。具体装置如图 4-3 所示。

煤样干燥仪器选用上海一恒科学仪器有限公司生产的 GRX-9053A 型热空气消毒箱。其工作环境温度为 5～45 ℃，输入功率为 1 100 W，内胆尺寸为 420 mm×395 mm×350 mm，外形尺寸为 720 mm×590 mm×520 mm，控温范围为 RT+(10～250) ℃，温度分辨率为 0.1 ℃，温度波动度为±1 ℃。其主要有以下几个优点：① 精确：其内装有高精度微

图 4-2 HC10 型恒温水槽

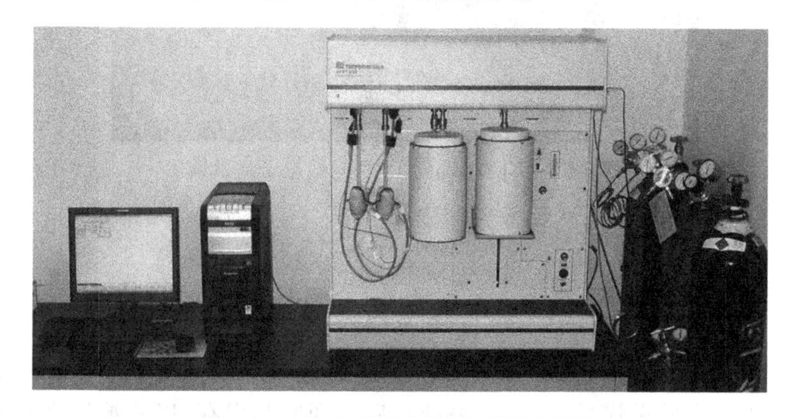

图 4-3 ASAP 2020 型比表面积分析仪

电脑液晶显示温控仪，可以保证控温精确、可靠；② 迅速：升温快，强迫对流，干热空气直接经过受热物体，干燥、消毒时间明显缩短；③ 安全：超过限制温度可自动中断，以确保人员、仪器均处于安全状态；④ 方便：可以从仪表设置实现风机三档转速可调，定时控制，搁板可随意移动以方便箱内清洗。装置如图 4-4 所示。

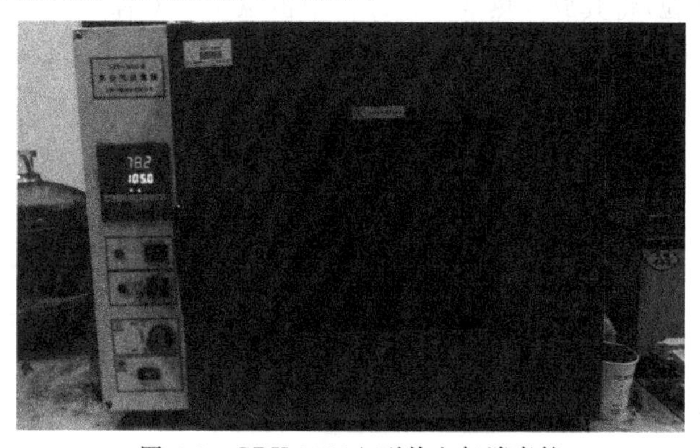

图 4-4 GRX-9053A 型热空气消毒箱

扫描电镜仪器为 FEI Quanta 250 型扫描电子显微镜，适用于各种样品的高真空、低真空和 ESEM 模式。该扫描电子显微镜与普通钨灯丝扫描电镜相比，具有更高的放大倍数和分辨率，特别是在较低的加速电压下仍然具有很高的分辨率。因此，该仪器除了具备普通扫描电镜的功能外，更适用于煤的纳米级孔隙的观察和分析，特别是在低加速电压下可获得高分辨率的图像，可避免高能电子束辐照而引起的样品的损伤，如图 4-5 所示。

图 4-5　FEI Quanta 250 型扫描电子显微镜

## 4.2　煤样制备

实验所用煤样取自河南焦煤能源有限公司九里山矿二$_1$煤层的无烟煤，在井下掘进工作面新鲜煤壁选取一定质量煤样，将其除去矸石后立即密封保存，以防被氧化及外在水分流失，并送至实验室处理。使用碎煤机将原煤样破碎，选用 0.5 mm 和 1 mm 煤样筛筛选出 0.5～1 mm煤样备用。

煤样干燥：将筛选好的煤样放入热空气消毒箱内，保持 105 ℃恒温加热，8 h 后取出，然后放入干燥器中冷却至室温，取出后放入磨口玻璃瓶中密封保存，留待实验使用。

工业分析实验煤样制备：将采集的煤样通过粉碎机粉碎后，通过 0.2 mm 标准筛筛取粒径小于 0.2 mm 的颗粒，将其放入热空气消毒箱中恒温 100 ℃保持 1 h，后放入干燥器中冷却至室温，取出后密封保存。

依据《煤的工业分析方法》(GB/T 212—2008)对煤样进行工业分析，得其参数如表 4-1 所示。

**表 4-1　煤样工业分析参数**

| 煤　样 | 工业分析参数 | | |
| --- | --- | --- | --- |
| | 水分 $M_{ad}$/% | 灰分 $A_{ad}$/% | 挥发分 $V_{ad}$/% |
| 九里山矿无烟煤 | 2.1 | 12.395 | 8.62 |

真相对密度测定煤样制备：根据《煤的真相对密度测定方法》(GB/T 217—2008)，将煤样粉碎，过 0.2 mm 标准筛，将得到的粒径在 0.2 mm 以下的煤样颗粒干燥后放入干燥器中

冷却至室温,取出后密封保存。

煤样真相对密度测定依据《煤的真相对密度测定方法》进行。每个煤样测试 3 次,求得其真相对密度平均值,测试结果如表 4-2 所示。

**表 4-2 煤样真相对密度测定结果**

| 煤 样 | 真相对密度/($g/cm^3$) |
|---|---|
| 九里山矿无烟煤 | 1.38 |

## 4.3 实验方案

在煤的甲烷解吸实验过程中,不同实验条件下煤样达到解吸平衡的过程均不相同,但大多需要很长时间,一般为数小时到几天。微波具有很明显的热效应,如在整个解吸扩散过程中连续施加微波,即对煤样连续施加数小时微波,则当微波功率较大时,煤样会被加热到很高的温度而发生热解甚至燃烧。为避免煤样在实验过程中发生热解,同时考虑人员及设备安全,采取了高微波功率条件下的微波间断加载方式和低微波功率条件下的微波连续加载方式。

(1) 微波间断加载方式

为避免高功率(功率达 800 W)条件下微波连续作用使煤样温度过高,同时又能反映微波作用对煤中甲烷解吸的影响,需要采用微波间断加载方式进行实验,即在解吸开始后按照一定的规律间断加载微波。

(2) 微波连续加载方式

对于低功率(功率低于 100 W)微波,由于其加载使煤样升温不太剧烈,可以采用连续加载方式,即在解吸过程中连续施加微波作用,为安全起见,要求全程实时测量煤样温度变化情况。

# 5 微波间断加载下煤中甲烷解吸响应特征

本章主要研究较大功率微波间断加载方式下煤中甲烷解吸特征，并通过水浴模拟方法还原微波热效应得到等效升温条件，对比分析了微波辐射与等效升温条件下煤中甲烷解吸特征。

## 5.1 微波间断加载方式

根据以往开展煤样解吸实验的经验，煤样达到解吸平衡需要较长时间，一般要在数小时以上。如果在整个解吸扩散过程中连续施加微波，则煤样会被加热到较高温度。根据前期实验测试结果，将 110 g 干燥煤样放入功率为 800 W 的微波炉中连续作用 30 min 后煤样温度能升至近 280 ℃。而煤开始热解的温度一般为 200～300 ℃，煤样温度超过热解温度会影响解吸实验结果。为避免实验煤样温度过高，同时又能反映微波作用对煤样甲烷解吸过程的影响，采用微波间断加载方式进行实验。经多次实验对比，最终确定采用解吸过程中每5 min时段内施加 10 s、20 s 及 40 s 微波作用三种实验方案。每 5 min 时段内施加 10 s 微波作用实验方案（简称微波作用 10 s），具体为在解吸开始后 5 min—5 min：10 s、10 min—10 min：10 s、15 min—15 min：10 s、20 min—20 min：10 s、…时间段内加载微波，而每 5 min 时段内施加 20 s 微波作用实验方案（简称微波作用 20 s）及每 5 min时段内施加 40 s 微波作用实验方案（简称微波作用 40 s）与微波作用 10 s 实验方案中微波加载方式相同，只是每个周期内微波加载时长分别为 20 s 与 40 s。此实验方案的优点在于：① 可以在整个解吸过程中间断加载微波而不至于使煤样温度升至热解温度，能够观察到解吸过程前、中、后期每个阶段微波对解吸特性的影响情况；② 解吸过程中在时间为 5 min 的整数倍时开始加载微波，便于实验操作；③ 连续两次微波加载之间煤样温降不至于过大。受石英玻璃吸附解吸罐耐压能力的影响，为安全起见，此次吸附平衡压力设为 0.9 MPa。实验方案参数见表 5-1。

**表 5-1 微波间断加载下煤中甲烷解吸实验方案**

| 微波频率/MHz | 微波输出功率/W | 吸附平衡压力/MPa | 解吸时长/min | 加载周期/min | 每循环加载时间/s | 室温/℃ |
| --- | --- | --- | --- | --- | --- | --- |
| 2 450 | 800 | 0.9 | 120 | 5 | 0,10,20,40 | 29 |

## 5.2 实验步骤

(1) 在实验开始前，首先要做的是检查实验装置气密性。连接好实验装置，向实验装置中注入一定压力的 $N_2$ 后关闭，若充气罐压力表读数 2 h 内保持不变，则表明整个实验装置气密性良好，可以进行后续实验。

(2) 对实验装置及煤样吸附解吸罐抽真空。确保实验装置不漏气后，称取 110 g 经恒温干燥处理的煤样装入吸附解吸罐，并在表层铺上脱脂棉和纱网，防止真空脱气时煤样堵塞管道。随后开启真空泵进行不少于 6 h 的真空脱气，直至真空度小于 20 Pa 且维持 2 h 后停止脱气。

(3) 充气吸附。脱气结束后，即充入甲烷气体吸附。利用甲烷气瓶和缓冲罐对煤样进行充气。用缓冲罐向吸附解吸罐充气，为满足实验压力要求及安全起见，吸附解吸罐压力不高于 0.95 MPa。经反复充气后，使压力表数值保持在 0.9 MPa；直到在 2 h 内煤样吸附解吸罐气体压力下降值不超过 0.01 MPa，即认为煤样已达到吸附平衡状态，整个过程须持续 24 h以上。并记录下每次充气压力表变化值，留备计算煤样甲烷吸附量。

(4) 煤样甲烷解吸。微波作用 0 s 煤样解吸实质上为常规无微波作用煤样解吸，此处以微波作用 10 s 来说明。待吸附达到平衡状态后，开始解吸实验。从煤样的甲烷解吸量测定开始计时，记录实验过程中的排水量和解吸时间。整个解吸过程记录持续 2 h。开始计时的前 5 s 气体扩散量单独计数。并从第一个 5 min 开始微波作用 10 s，此后每到 5 min 整数倍时间即开启微波作用 10 s，并详细记录每次微波作用后温度变化情况，以备后期水浴模拟实验。微波作用 20 s 和微波作用 40 s 与微波作用 10 s 除微波作用时间不同外，其他并无差别。此外，每次实验完毕后即更换煤样，以保证各组实验的科学性和准确性。

(5) 每组实验完成后，称量实验后的煤样质量，并与实验前煤样的质量进行比较，煤样质量变化不超过 0.1 g 即认定为有效实验。其目的是确保收集的气体为解吸出来的甲烷气体，无热解气体产生。

## 5.3 实验结果及分析

### 5.3.1 累计甲烷解吸量

无微波作用及三种微波间断加载作用下煤样累计甲烷解吸量见图 5-1。由图 5-1 可以看出，三种微波作用下煤中累计甲烷解吸量均大大超过了无微波作用下的煤中累计甲烷解吸量，120 min 解吸时间内，微波作用 10 s、微波作用 20 s、微波作用 40 s 条件下煤中累计甲烷解吸量分别为无微波作用下煤中累计甲烷解吸量的 1.9 倍、2.8 倍及 3.9 倍，增加率分别为 90%、180%及 290%，这表明微波作用能够促进煤中甲烷解吸。每个微波加载周期内，微波加载时段甲烷解吸量增长迅速，剩余时间内甲烷解吸量增长速度逐渐降低；单个微波加载周期内甲烷的总解吸增量也遵循逐渐减小的趋势，微波作用条件下累计甲烷解吸量随解吸时间总体呈跳跃式增长趋势。

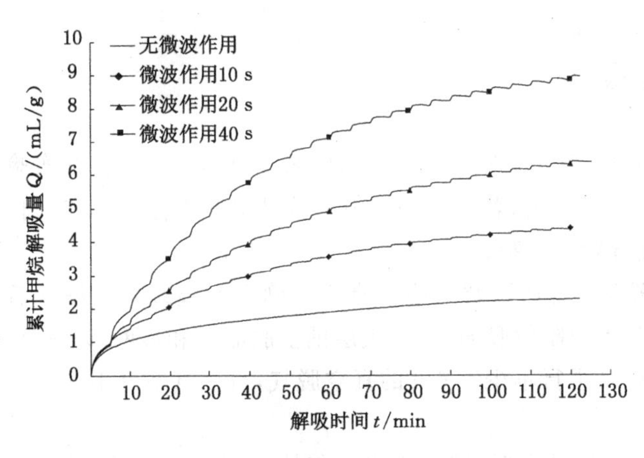


图 5-1　煤样累计甲烷解吸量

### 5.3.2　甲烷解吸速率

根据煤样甲烷累计解吸量曲线(图 5-1),得到煤样甲烷解吸速率对比情况(图 5-2)。由图 5-2 可以看出,微波作用下煤样甲烷解吸速率高于无微波作用时的,且微波作用下煤样甲烷解吸速率在每个微波加载周期均出现了较高的峰值。三种微波作用下煤样甲烷解吸速率的最大峰值均出现在第一次微波加载时段。微波作用 10 s 条件下煤样甲烷解吸速率最大峰值为 60 mL/min,为未加载微波时的 8 倍;微波作用 20 s 条件下煤样甲烷解吸速率最大峰值为 75 mL/min,为未加载微波时的 10 倍;微波作用 40 s 条件下煤样甲烷解吸速率最大峰值为 84 mL/min,为未加载微波时的 11.2 倍。这说明微波作用对煤中甲烷解吸的瞬间提速作用效果十分显著。微波加载结束后甲烷解吸速率衰减迅速,而微波加载时间越长,衰减相对越慢。以上分析表明,微波作用对煤中甲烷解吸速率的激励作用明显,且随着时间推移,这种激励作用会有所减弱。

### 5.3.3　甲烷解吸率

为进一步说明微波作用对煤中甲烷解吸的促进作用,引入描述煤样甲烷解吸效果的物理量——解吸率 $\eta$,即从解吸开始到解吸过程中某一时刻 $t$ 的累计解吸率,计算公式为:

$$\eta=\frac{Q(T,p,t)}{Q_{\infty}(T,p)}\times 100\% \tag{5-1}$$

式中,$Q(T,p,t)$为环境温度为 $T$、吸附平衡压力为 $p$ 条件下 $t$ 时刻的累计甲烷解吸量,mL/g;$Q_{\infty}(T,p)$为环境温度为 $T$、吸附平衡压力为 $p$ 条件下的极限甲烷解吸量,也为环境温度为 $T$、吸附平衡压力为 $p$ 条件下的甲烷吸附量,mL/g。302 K、0.9 MPa 吸附平衡压力下无微波作用、微波作用 10 s、微波作用 20 s 及微波作用 40 s 四种条件下煤样极限甲烷解吸量 $Q_{\infty}$,即甲烷吸附量分别为 9.97 mL/g、10.09 mL/g、10.03 mL/g 及 10.16 mL/g,由式(5-1)计算得到四种条件下解吸过程中 15 mim 时、50 min 时、85 min 时以及 120 min 时的解吸率,如图 5-3 所示。

由图 5-3 可知,在解吸初期的 15 min 内,解吸率总体较低,但增长速度较快;随着时间

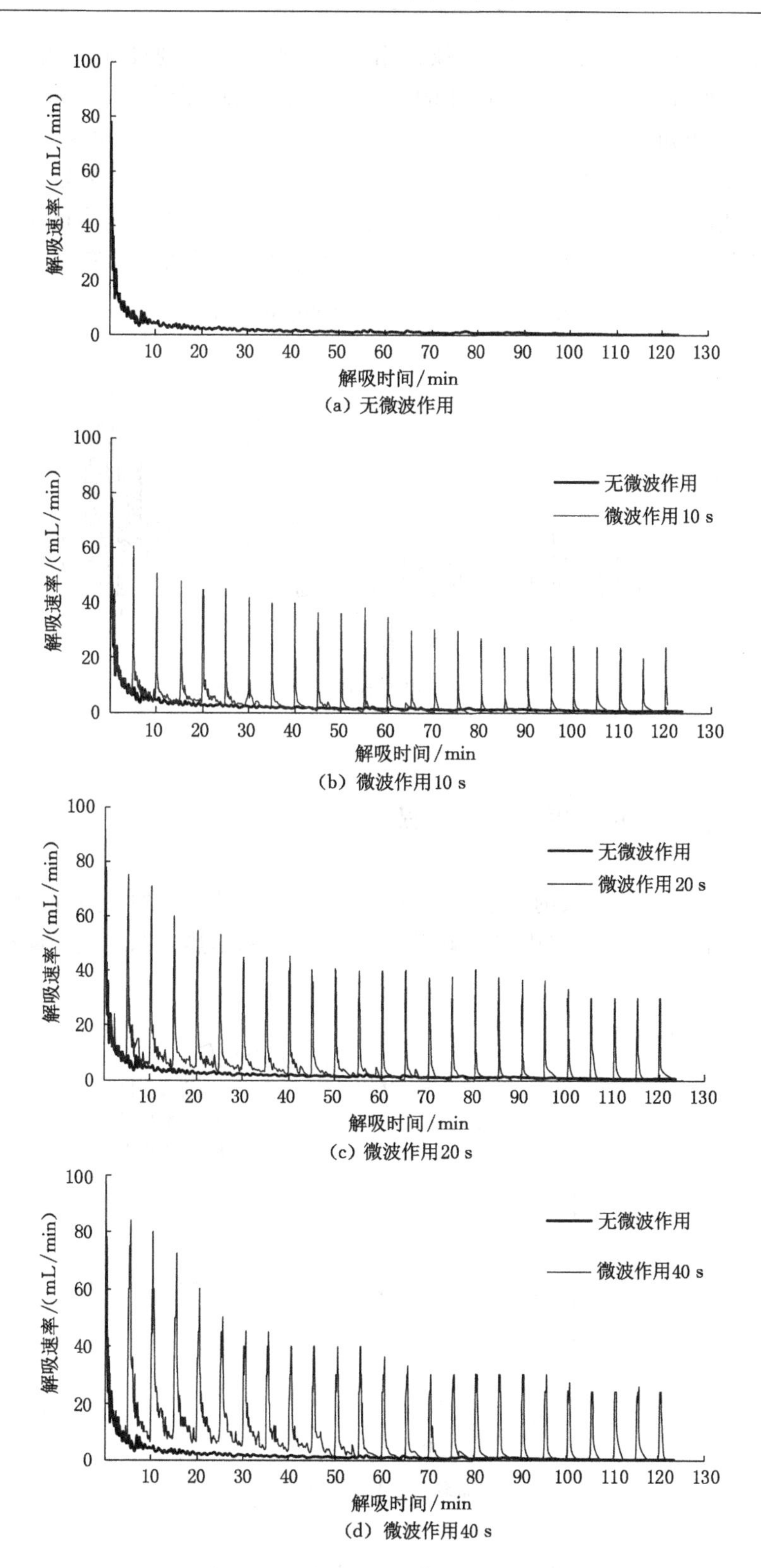


图 5-2　煤样甲烷解吸速率对比情况

推移，无微波作用下解吸率变化放缓，微波作用下的解吸率增长速度加快；解吸 50 min 时、85 min 时以及 120 min 时四种条件下的解吸率分布规律大致相同，即无微波作用下解吸率＜微波作用 10 s 下解吸率＜微波作用 20 s 下解吸率＜微波作用 40 s 下解吸率。解吸 120 min时，微波作用 10 s、微波作用 20 s、微波作用 40 s 条件下的解吸率分别为无微波作用下解吸率的1.9 倍、2.8 倍及 3.8 倍，尤其是微波作用 40 s 条件下的解吸率已达 87%，这表明微波作用对提高煤中甲烷解吸率、缩短解吸时间、促进煤中甲烷解吸具有显著作用。

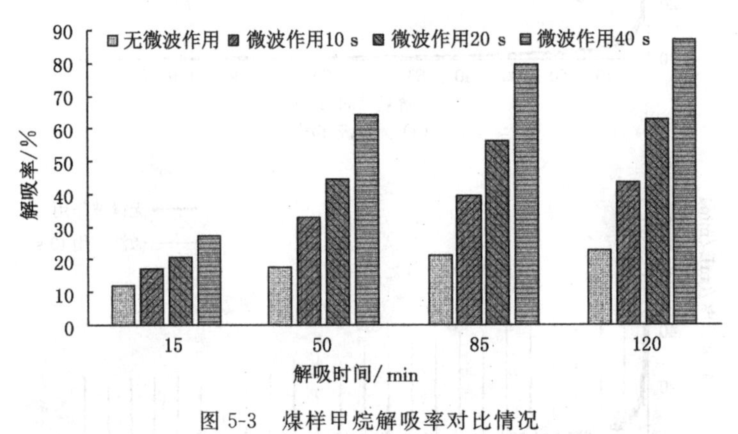


图 5-3　煤样甲烷解吸率对比情况

## 5.4　等效升温条件下煤中甲烷解吸特征

温度是影响煤中甲烷解吸的一个重要因素。为明确微波间断加载条件下煤样温度变化规律，在进行不同微波作用下煤中甲烷解吸实验过程中，利用热电偶测量了煤样温度变化情况，如图 5-4 所示。

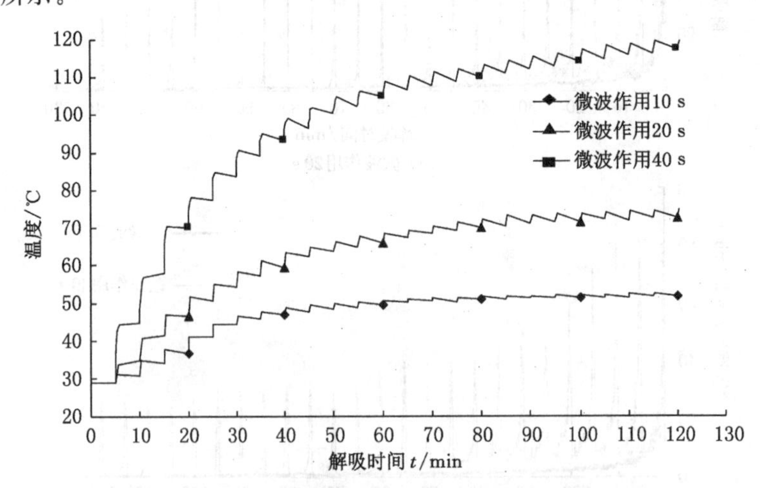


图 5-4　微波间断加载下煤样解吸过程中温度变化情况

由图 5-4 可知，微波作用煤样产生的热效应是比较显著的，整个解吸过程表现为前期升温剧烈、中后期升温逐渐变缓的变温过程。多位学者进行了不同温度条件下的恒温解吸实验，而变温条件下煤样甲烷解吸特征鲜有报道。为明确微波作用产生的热效应对煤样甲烷解吸过程的影响，采用水浴方法模拟还原了三种微波作用产生的热效应，即纯升温作用，并进行了水浴模拟微波热效应（即纯升温作用）条件下的煤样甲烷解吸实验。

水浴装置采用中煤科工集团重庆研究院有限公司生产的 HC10 型恒温水槽，其温度在 10～95 ℃范围内连续可调。此外，石英玻璃吸附解吸罐的规格为：底部外直径 7 cm，瓶口外直径2.8 cm，壁厚 0.4 cm。其导热系数 $\lambda$ 为 1.46 W/(m·K)，密度 $\rho$ 为 2 200 kg/m$^3$，质量定压热容 $c$ 为772.5 J/(kg·℃)，由 $\alpha=\lambda/(\rho c)$ 可得导温系数 $\alpha$ 为 $8.59\times10^{-7}$ m$^2$/s。颗粒煤的导热系数为 0.12 W/(m·℃)，质量定压热容为 4.4 kJ/(kg·℃)，导温系数为 $1.84\times10^{-8}$ m$^2$/s。据此可计算水浴时加热罐壁及煤样的时间。根据记录的不同微波作用下煤样甲烷解吸特性实验的温度变化情况，可用水浴变温加热代替微波作用开展煤的甲烷解吸特性实验研究。

水浴模拟微波作用 10 s、20 s 及 40 s 升温条件下的煤样甲烷解吸实验（分别简称为模拟微波 10 s、模拟微波 20 s 及模拟微波 40 s），只需要将石英玻璃吸附解吸罐浸入恒温水槽中，其余与常规解吸实验步骤相同。根据实验记录数据，分别得到了水浴模拟微波作用 10 s、水浴模拟微波作用 20 s、水浴模拟微波作用 40 s 三种实验条件下煤样的累计甲烷解吸量，结果如图 5-5 所示

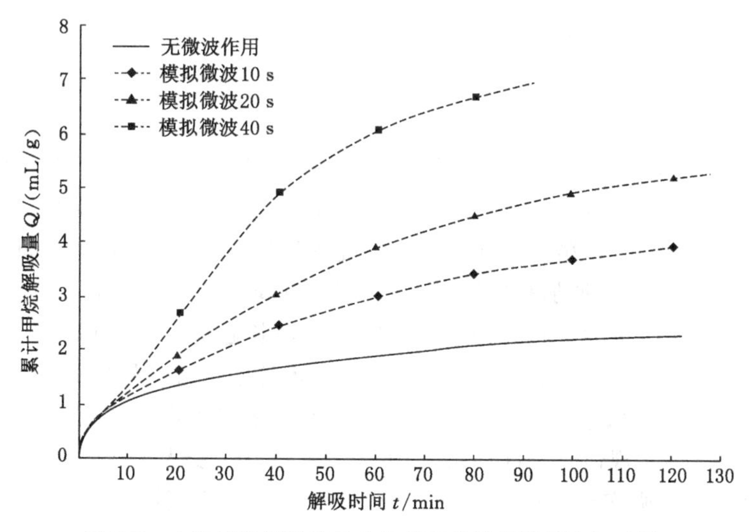

图 5-5　水浴模拟微波热效应条件下煤样累计甲烷解吸量

由图 5-5 可以看出，在前 10 min 内，各煤样累计甲烷解吸量曲线并无差别，其原因是前 10 min 内各水浴条件下温度基本一致。10 min 后，煤样累计甲烷解吸量随着各水浴模拟条件的不同而产生较大差异。可以看出，与不同微波作用时间下一样，煤样累计甲烷解吸量随水浴模拟温度高低而呈现从高到低的结果。水浴模拟微波作用 10 s 煤样累计甲烷解吸量最低，为 3.94 mL/g；水浴模拟微波作用 20 s 煤样累计甲烷解吸量为 5.28 mL/g；水浴模拟微波作用 40 s 煤样累计甲烷解吸量最高，为 6.94 mL/g，且是限于水的沸点仅仅水浴模拟 80 min的结果。整体煤样甲烷解吸呈现早期解吸快，后期基本平稳的规律。

## 5.5 微波辐射与等效升温条件下煤中甲烷解吸特征对比

将水浴模拟微波作用的解吸实验结果与微波作用条件下的解吸实验结果进行对照，如图 5-6 所示。

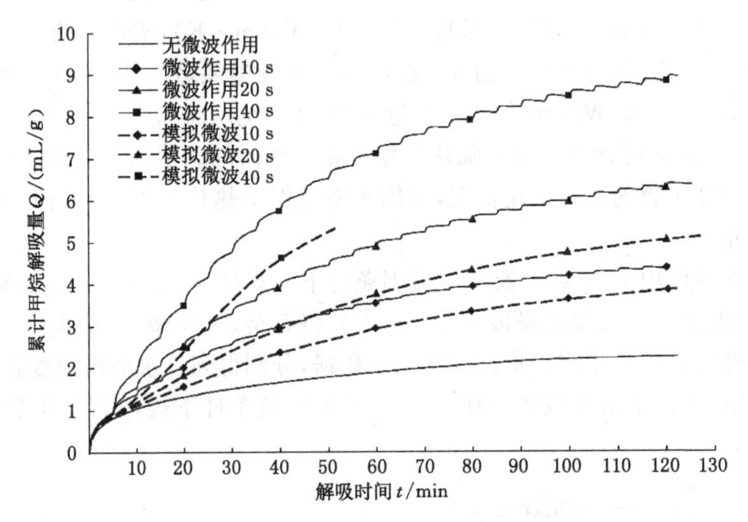


图 5-6 微波辐射与等效升温条件下累计甲烷解吸量对照图

由图 5-6 可以清楚地看出，微波作用与水浴模拟两种方案下煤中甲烷解吸量均大大超过了常规恒温(即无微波作用)条件下煤中甲烷解吸量。三种微波作用条件下甲烷解吸实验中，在每个微波加载周期内，微波加载时段内甲烷解吸量增长迅速，剩余时间内甲烷解吸量增长速度逐渐降低，单个微波加载周期内甲烷的总解吸增量也遵循逐渐减小的趋势，微波作用条件下累计甲烷解吸量随解吸时间总体呈跳跃式增长趋势。120 min 解吸时间内，微波作用 10 s、微波作用 20 s、微波作用 40 s 条件下煤中累计甲烷解吸量分别为常规恒温条件下的 1.9 倍、2.8 倍及 3.9 倍；水浴模拟微波作用 20 s 及水浴模拟微波作用 10 s 条件下煤中累计甲烷解吸量分别为常规恒温条件下的 2.2 倍及 1.7 倍(注：受水沸点的限制，水浴模拟微波作用 40 s 条件下的解吸实验只进行了 80 min，故没有 80 min 后的累计甲烷解吸量数据)。上述分析表明，微波作用和纯升温作用都能促进甲烷解吸，在相同升温过程条件下，微波对甲烷解吸的促进作用要优于纯升温作用。

根据煤样累计甲烷吸附量及式(5-1)计算得到七种条件下解吸过程中 15 min 时、50 min时、85 min 时以及 120 min 时的解吸率，对比情况如图 5-7 所示。

由图 5-7 可知，在解吸初期的 15 min 内，解吸率总体较低，但增长速度较快；随着解吸时间增加，常规恒温条件下解吸率变化缓慢，纯升温作用下和微波作用下的解吸率增长速度加快；解吸 50 min 时、85 min 时以及 120 min 时七种条件下的解吸率分布规律大致相同，即常规恒温下解吸率＜模拟微波 10 s 下解吸率＜微波作用 10 s 下解吸率＜模拟微波20 s下解吸率＜微波作用 20 s 下解吸率＜模拟微波 40 s 下解吸率＜微波作用 40 s 下解吸率。

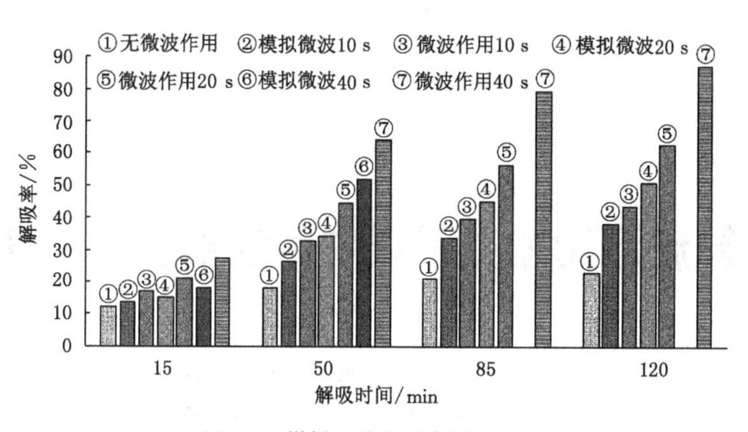


图 5-7　煤样甲烷解吸率对比情况

# 6 微波连续加载下煤中甲烷解吸响应特征

第 5 章研究了微波间断加载对煤中甲烷解吸特性的影响，分析表明微波间断加载对煤中甲烷解吸具有明显的促进作用。本章将研究低功率微波连续加载条件下煤中甲烷解吸响应特征。

## 6.1 实验方案

根据以往实验及前人经验可知，微波具有很明显的热效应，在前期实验准备阶段实验研究了微波加热煤样温度变化情况，将 110 g 干燥煤样放入功率为 800 W 的微波炉中连续作用30 min后，煤样温度能升至近 280 ℃。煤开始热解的温度一般为 200～300 ℃，煤样温度超过热解温度会影响解吸实验效果。此外，长时间加热，可能会达到煤的着火点，以致发生危险，损坏实验装置和危害人身安全。为避免煤样温度过高，同时又能反映微波作用对煤中甲烷解吸的影响，本次实验利用变频微波炉，采用低功率微波在解吸过程中连续作用的方式进行。根据微波发生设备条件以及准备阶段的煤样温度实验结果，最终实验方案设计为无微波作用、微波功率 25 W、微波功率 50 W 三种实验条件。考虑石英玻璃吸附解吸罐耐压能力的影响，为安全起见，将实验吸附解吸平衡压力设为 0.9 MPa。实验具体方案见表 6-1。

**表 6-1 微波连续加载下煤中甲烷解吸实验方案**

| 微波频率/MHz | 微波输出功率/W | 吸附平衡压力/MPa | 解吸时长/min | 室温/℃ |
|---|---|---|---|---|
| 2 450 | 25/50 | 0.9 | 180 | 29 |

## 6.2 实验步骤

(1) 在实验开始前，首先检查实验装置气密性。连接好实验装置，向实验装置中注入一定压力 $N_2$后关闭，若充气罐压力表读数 2 h 内保持不变，即表明整个实验装置气密性良好，可以进行后续实验。

(2) 对实验装置及煤样吸附解吸罐抽真空。确保实验装置不漏气后，称取 110 g 经恒温干燥处理的煤样装入吸附解吸罐，并在表层铺上脱脂棉和纱网，防止真空脱气时煤样堵塞管道。随后开启真空泵进行不少于 6 h 的真空脱气，直至真空度小于 20 Pa 且维持 2 h 后停止脱气。

(3) 充气吸附。脱气结束后，即充入甲烷气体吸附。利用甲烷气瓶和缓冲罐对煤样进行充气。用缓冲罐向吸附解吸罐充气，为满足实验压力要求及安全起见，吸附解吸罐压力不高于 0.9 MPa。经反复充气后，使压力表数值保持在 0.9 MPa；直到在 2 h 内煤样吸附解吸罐气体压力下降值不超过 0.01 MPa，即认为煤样已达到吸附平衡状态，整个过程须持续 24 h以上。并记录下每次充气压力表变化值，留备计算煤样甲烷吸附量。

(4) 煤样甲烷解吸。因为无微波作用煤样解吸实质上与普通常温解吸并无不同，此处以微波功率 25 W 来说明。待吸附达到平衡状态后，开始解吸实验。从煤样的甲烷解吸量测定开始计时，记录实验过程中的排水量和解吸时间。与此同时，开启微波发生器，整个解吸过程保持微波功率为 25 W。同时记录微波作用过程中温度变化情况，以备温度模拟实验。微波功率 50 W 和微波功率 25 W 除微波功率设定不同外，其他并无差别。此外，每次实验完毕后即更换煤样，以保证各组实验的科学性和准确性。

(5) 每组实验完成后，称量实验后的煤样质量，并与实验前煤样的质量进行比较，煤样质量变化不超过 0.1 g 即认定为有效实验。其目的是确保收集的气体为解吸出来的甲烷气体，无热解气体产生。

## 6.3 实验结果及分析

### 6.3.1 累计甲烷解吸量

根据实验结果，分别得到了无微波作用、微波功率 25 W、微波功率 50 W 三种实验条件下煤样的累计甲烷解吸量，如图 6-1 所示。由图 6-1 可知，微波作用对于煤的甲烷解吸具有明显促进作用。不同功率微波加载，使得各组煤样的甲烷解吸量产生明显差异。其中，无微波作用煤样由于未加载微波，其累计甲烷解吸量最小，在解吸时间为 180 min 内累计甲烷解吸量为 4.57 mL/g。随着微波功率的增大，煤样累计甲烷解吸量及解吸速率有了明显的增加。微波功率 25 W 条件下，实验测得 180 min 内累计甲烷解吸量为 11.38 mL/g，为无微波作用时的 2.49 倍。微波功率 50 W 条件下，实验测得 180 min 内累计甲烷解吸量为 14.89 mL/g，为无微波作用时的 3.26 倍，为微波功率 25 W 时的 1.31 倍。实验结果表明，连续微波加载能显著持续地促进煤中甲烷的解吸；微波功率越大，煤中甲烷解吸速率越快，相同解吸时间内累计甲烷解吸量越多。

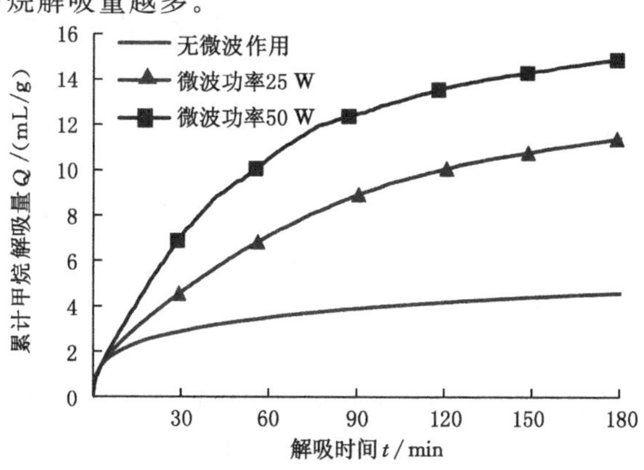


图 6-1 微波连续加载下累计甲烷解吸量

### 6.3.2 甲烷解吸速率

为了详细说明微波连续加载对煤样甲烷解吸特性的影响，根据煤样累计甲烷解吸量及解吸时间，求得各实验条件下煤样的甲烷解吸速率，如图 6-2 所示。

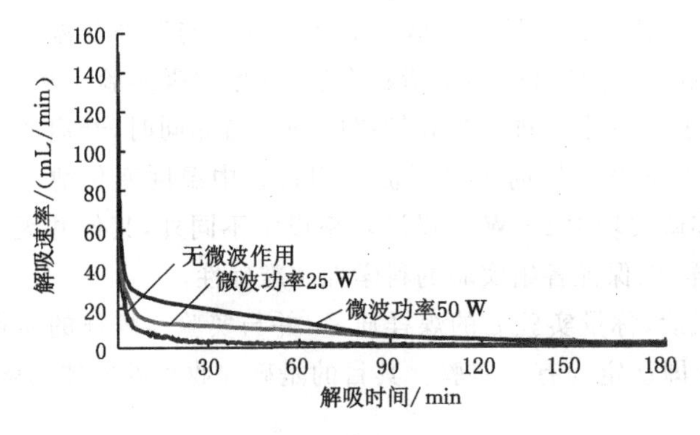


图 6-2　煤样甲烷解吸速率对比情况

由图 6-2 可以看出，初期阶段，煤样甲烷解吸速率均迅速下降，其中，无微波作用煤样甲烷解吸速率曲线平滑，逐渐降低。随着加载微波作用，各煤样甲烷解吸速率有所不同，随着解吸时间增加，煤样甲烷解吸速率逐渐降低，总体大于无微波作用煤样的甲烷解吸速率。综合比较来看，各煤样甲烷解吸速率与微波功率呈正相关关系。随着解吸时间的延长，煤样甲烷解吸速率呈现一定程度的衰减特征。

## 6.4　微波连续加载与最高温度条件下煤中甲烷解吸特征对比

在进行不同功率微波作用对煤的甲烷解吸实验过程中，记录煤样温度变化情况。测得微波作用条件下煤样甲烷解吸过程中温度变化如图 6-3 所示。由图 6-3 可知，微波作用对于煤样温度升高具有明显效果。随微波功率的增大，煤样升温速率加快。前期阶段，由于煤样温度低，微波对煤样热效应显著，煤样升温较快，在前 30 min 内，25 W 和 50 W 功率微波作用于煤样其温度从 30 ℃分别升至 50 ℃和 75 ℃。随着微波的继续作用，煤样温度持续升高，但逐渐变缓。解吸实验结束时，25 W 和 50 W 功率微波作用下的煤样温度最终分别升至 73 ℃和 125 ℃，这表明微波对煤样的热效应显著。

为对比分析微波作用与温度对煤中甲烷解吸特性的影响，开展了以微波连续加载时最高温度为实验温度条件的煤中甲烷解吸实验。设定温度为微波功率 25 W 和 50 W 条件下解吸实验结束时煤样的最高温度，即 73 ℃和 125 ℃。微波功率 25 W 连续加载与 73 ℃恒温条件下煤样甲烷解吸特性对比情况见图 6-4，微波功率 50 W 连续加载与 125 ℃恒温条件下煤样甲烷解吸特性对比情况见图 6-5。

由图 6-4 及图 6-5 可以看出，将恒温解吸温度分别设定为微波功率 25 W 和50 W作用下解吸实验结束时煤样的最高温度，煤样开始解吸时就保持较高的温度，恒温条件下解吸初期煤中累计甲烷解吸量大于微波连续加载作用下的累计甲烷解吸量；而随着实验的进行，两者累计甲烷解吸量差值逐渐减小，大约在解吸 80 min 时，累计甲烷解吸量差值变为零，随

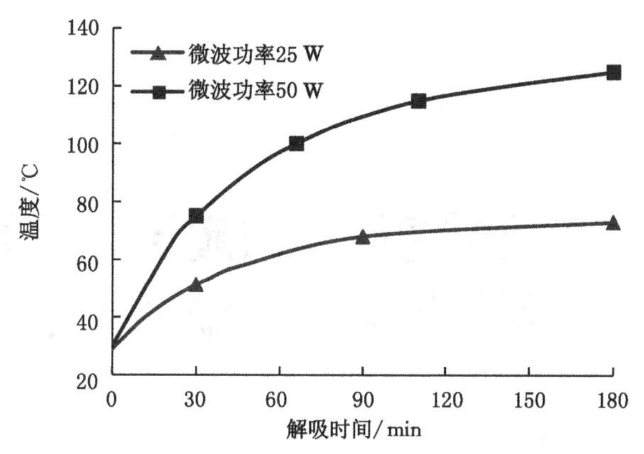

图 6-3 微波连续加载下煤样甲烷解吸过程中温度变化情况

后，微波连续加载下煤样累计甲烷解吸量超过恒温条件下的累计甲烷解吸量，直至解吸结束，差值逐渐增大。这说明长时间低功率微波连续加载对甲烷解吸的促进作用比最高温度条件下的要好，从而也反映出微波促进甲烷解吸的原因不仅仅是热效应，微波对甲烷解吸的促进作用要优于纯升温作用。

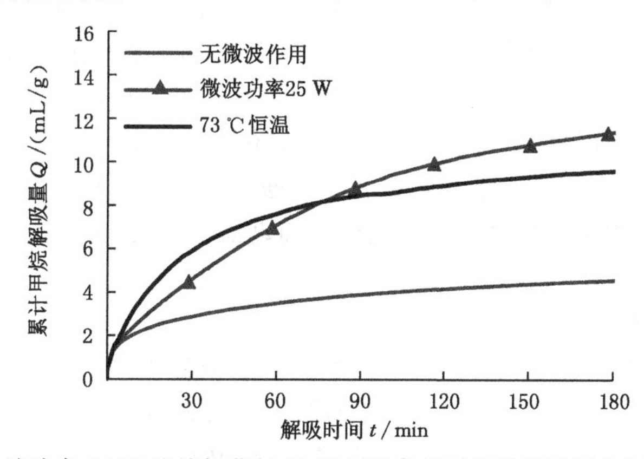

图 6-4 微波功率 25 W 连续加载与 73 ℃恒温条件下煤样累计甲烷解吸量对照图

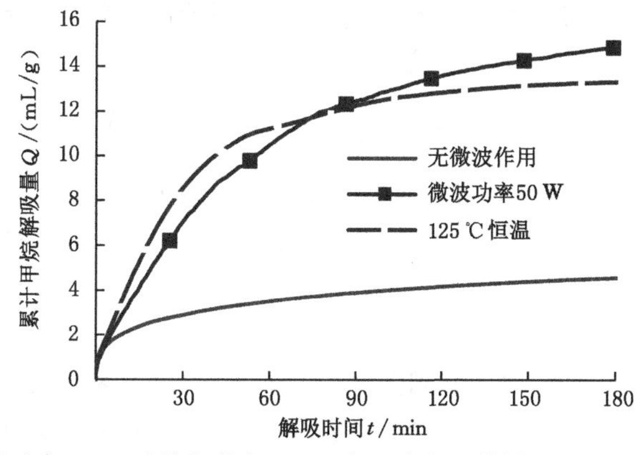

图 6-5 微波功率 50 W 连续加载与 125 ℃恒温条件下煤样累计甲烷解吸量对照图

# 7 微波间断加载与微波连续加载下煤中甲烷解吸扩散动力学分析

为了分析微波间断加载和微波连续加载下煤中甲烷解吸的动力学规律，揭示微波作用对煤中甲烷解吸特性的影响机理，本章采用广泛应用的经典扩散模型和动扩散系数模型对实验结果进行了动力学分析。

## 7.1 煤中瓦斯扩散动力学模型

在描述煤中瓦斯解吸扩散规律的数学模型方面，目前主要用经验公式和经典扩散模型进行描述。形式繁多的经验公式（直接拟合）因不具备明确物理意义和严格的数学导出关系，其理论基础不够稳固，描述扩散过程的适应性较差。经典扩散模型因物理意义明确，计算简单，理论上具有宽广的外延性，是整个扩散理论体系的基础，一直沿用至今，但对煤中瓦斯全时扩散过程描述不够准确。学者李志强等依据物理模型，提出了动扩散系数模型。该模型认为，瓦斯扩散过程中扩散系数随时间延长而动态衰减，经检验，该模型能够较准确描述瓦斯全时扩散过程。

(1) 经典扩散模型

瓦斯从煤粒中运移的过程可看作气体在多孔介质中的扩散，符合非克定律。经典扩散模型在非克定律基础上做出以下假设：煤粒为球形颗粒；煤粒为均质、各向同性体；瓦斯流动遵从质量守恒定律。在以上条件下，忽略了质量浓度和时间对扩散系数的影响，从而得到球坐标下扩散第二定律。在初始条件和边界条件下，利用分离变量法推导变换得到了经典扩散模型描述瓦斯扩散规律的一般表达式：

$$\frac{Q_t}{Q_\infty}=1-\frac{6}{\pi^2}\sum_{n=1}^{\infty}\frac{1}{n^2}\exp\left(-\frac{n^2\pi^2D}{r_0^2}t\right) \tag{7-1}$$

式中，$Q_t$ 为从开始至 $t$ 时刻的累计瓦斯扩散量，$cm^3/g$；$Q_\infty$ 为极限瓦斯扩散量，$cm^3/g$；$Q_t/Q_\infty$ 为 $t$ 时刻的累计瓦斯扩散率；$D$ 为扩散系数，$cm^2/s$；$r_0$ 为煤粒半径，cm；$t$ 为扩散时间，s。

(2) 动扩散系数模型

该模型在非克扩散第二定律的基础上做出如下假设：煤粒为各向同性的球形颗粒；煤基质孔隙系统由非均质、多尺度的孔隙构成，且多级孔隙连续分布；瓦斯流动遵从质量守恒定律。由此可得到动扩散系数模型：

$$\begin{cases} \dfrac{\partial C}{\partial t} = D(t)\left(\dfrac{\partial^2 C}{\partial r^2} + \dfrac{2}{r}\dfrac{\partial C}{\partial r}\right) \\ \dfrac{\partial C}{\partial t}\mid_{r=0} = 0,(r=0,t \geqslant 0) \\ C\mid_{r=r_0} = C_a,(r=0,t>0) \\ C\mid_{t=0} = C_0,(t=0,0 \leqslant r \leqslant r_0) \end{cases} \tag{7-2}$$

式中,$C$ 为煤粒中瓦斯质量浓度,$g/cm^3$;$r$ 为扩散路径长度,cm;$\dfrac{\partial C}{\partial t}\mid_{r=0}$ 为煤粒中心浓度梯度;$C_a$ 为扩散过程中煤粒表面的瓦斯质量浓度,$g/cm^3$;$C_0$ 为吸附平衡时的初始瓦斯质量浓度,$g/cm^3$。

动扩散系数 $D(t)$ 可表达为:

$$D(t) = D_0 \exp(-\beta t) \tag{7-3}$$

式中,$D(t)$为随时间延长而衰减的动扩散系数,$cm^2/s$;$D_0$ 为 $t=0$ 时的初始扩散系数;$\beta$ 为动扩散系数的衰减系数,$s^{-1}$。

采用分离变量法求解,得到扩散率解析解,式(7-4)即动扩散系数模型。

$$\frac{Q_t}{Q_\infty} = 1 - \frac{6}{\pi^2}\sum_{n=1}^{\infty}\frac{1}{n^2}\exp\left[-\frac{n^2\pi^2 D_0}{r_0^2\beta}(1-e^{-\beta t})\right] \tag{7-4}$$

(3) 模型中相关参数的数据处理

由于采用排水法测定甲烷解吸量,扩散因排水容器两侧的气压平衡而终止,因此式中极限瓦斯扩散量 $Q_\infty$ 为初始瓦斯含量 $Q$ 与大气压下的终态瓦斯含量 $Q_a$ 的差值,即 $Q_\infty = Q - Q_a$,其中,实验条件下的 $Q$、$Q_a$ 均按式(7-5)计算。

$$Q = \frac{abp}{1+bp}\,\frac{100 - A_{ad} - M_{ad}}{100(1+0.31M_{ad})} + 10 \times 273 \times \frac{p\varphi}{\rho(273+t_w)} \tag{7-5}$$

式中,$Q$ 为各种压力条件下煤样的总瓦斯含量,$cm^3/g$;朗缪尔常数 $a$ 为无限大压力下的最大瓦斯吸附量,$cm^3/g$;朗缪尔常数 $b$ 为朗缪尔压力的倒数,$MPa^{-1}$;$p$ 为吸附平衡压力,MPa;$A_{ad}$为灰分,%;$M_{ad}$为水分,%;$\varphi$ 为孔隙率,%;$\rho$ 为密度,$g/cm^3$;$t_w$为平衡温度,℃。

## 7.2 微波间断加载下煤中甲烷解吸动力学规律

按照经典扩散模型和动扩散系数模型,通过数据拟合,得到无微波作用下和微波间断加载下实验煤样的扩散模型拟合结果,如图 7-1 所示。实验煤样的甲烷解吸扩散动力学模型的相关拟合参数见表 7-1。

从拟合结果可以看出,相对经典扩散模型,动扩散系数模型对实验结果的拟合程度总体上更好,特别是在解吸后期;而在微波加载条件下,随着微波作用时间的延长拟合效果略有下降,但动扩散系数模型总体上优于经典扩散模型,其模型参数反映了微波加载条件下扩散系数的变化过程。由此可见,动扩散系数模型能较好地描述微波作用下煤样中甲烷解吸扩散的动力学规律,能动态地反映微波加载条件下实验煤样的甲烷解吸扩散特征的变化过程。

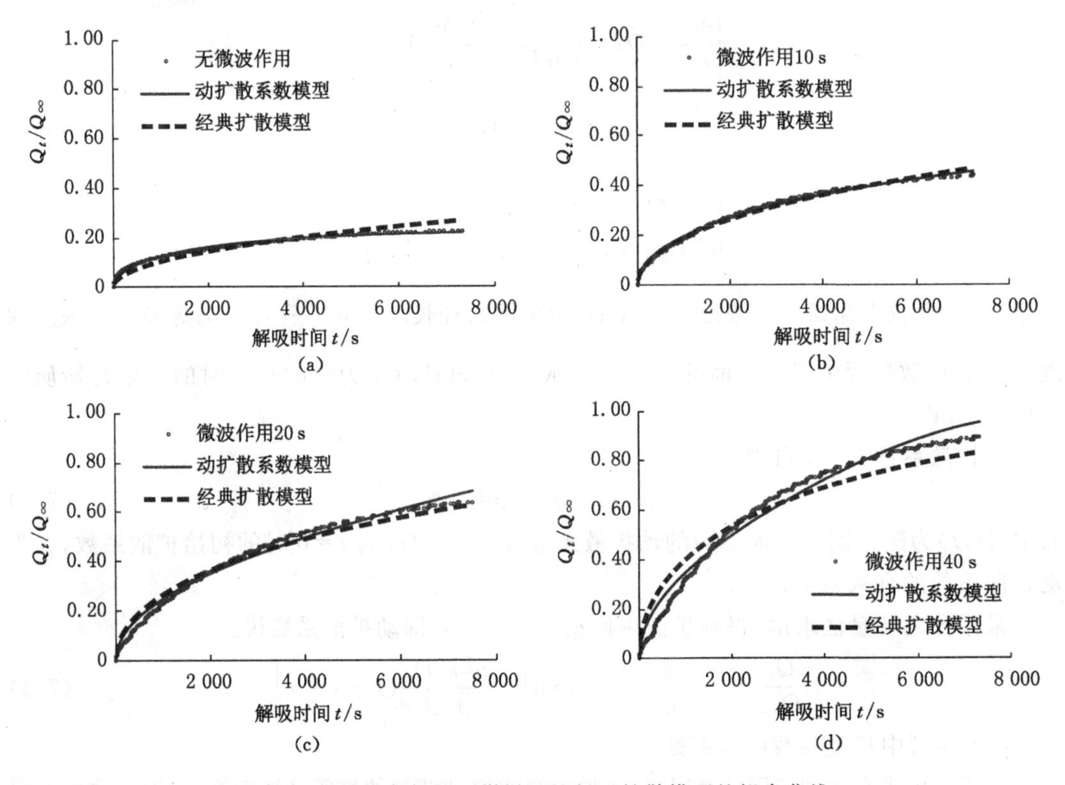


图 7-1　微波间断加载下煤样甲烷解吸扩散模型的拟合曲线

**表 7-1　实验煤样甲烷解吸扩散动力学模型的拟合参数**

| 微波作用 | 经典扩散模型 | | 动扩散系数模型 | | |
|---|---|---|---|---|---|
| | $D$ /($\times10^{-8}$ cm$^2$/s) | 相关系数 $R$ | $D_0$ /($\times10^{-8}$ cm$^2$/s) | $\beta$ /s$^{-1}$ | 相关系数 $R$ |
| 无微波作用 | 0.142 908 577 | 0.990 03 | 0.244 332 5 | 0.000 327 816 7 | 0.996 45 |
| 微波作用 10 s | 0.509 277 562 | 0.996 15 | 0.547 608 6 | 0.000 039 668 82 | 0.997 56 |
| 微波作用 20 s | 1.038 243 609 | 0.997 01 | 0.842 249 1 | −0.000 107 794 0 | 0.994 33 |
| 微波作用 40 s | 2.509 377 156 | 0.993 98 | 1.601 705 3 | −0.000 268 542 8 | 0.989 42 |

根据表 7-1 中动扩散系数模型的拟合参数，即甲烷初始扩散系数和动扩散系数的衰减系数，结合动扩散系数方程可得出相应微波作用下实验煤样的动扩散系数随解吸时间的变化关系，如图 7-2 所示。

由图 7-2 可知，尽管拟合采用的解吸扩散模型不同，但微波加载条件下煤样的甲烷动扩散系数均比无微波加载情况下的要大得多，这说明微波作用下煤样的甲烷扩散能力相较无微波作用时的得到了显著提高，煤样的甲烷扩散阻力减小、甲烷解吸速率增大。

随着煤中甲烷的不断解吸，实验煤样的甲烷解吸量增幅随解吸时间的增加逐渐变缓。根据拟合参数可知，无微波作用下煤样的甲烷初始扩散系数较小，且动扩散系数的衰减系数为正值，这表明随着解吸时间的增加煤样的扩散系数逐渐减小；在微波作用下，煤样的甲烷初始扩散系数均大于无微波作用时的，且随微波作用时间的延长逐渐增大。同时，实验煤样

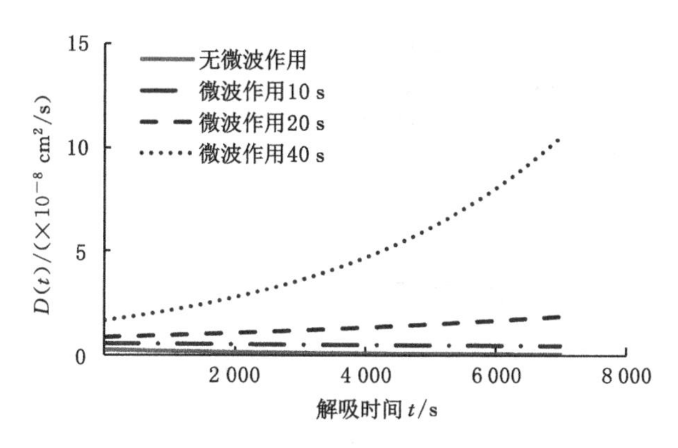


图 7-2　有无微波作用下煤中甲烷动扩散系数的变化规律

的动扩散系数的衰减系数随微波作用减小为负值，其绝对值随微波作用时间的增加逐渐变大，这表明在微波加载条件下尽管煤样的甲烷解吸量增幅变缓，但其动扩散系数由于微波作用效应的影响而逐渐增大，微波作用时间越长，动扩散系数增加越显著。这说明微波作用能显著促进煤中甲烷的解吸扩散，且效果随微波作用时间的延长而提高，虽然后期甲烷解吸量增幅变缓，但原因可能是煤中剩余甲烷含量减少。由此可见，微波场改变了甲烷解吸过程中煤样的扩散阻力级差，表现为煤样扩散系数的衰减程度发生变化。

综上所述，在实验煤样的甲烷解吸过程中，微波场的加载会增强煤样中甲烷分子的活性、改变煤样中甲烷的初始扩散系数与扩散系数的衰减程度，使煤样中甲烷的解吸能力提高、扩散速度加快、扩散阻力减小，从而有利于煤样中甲烷的解吸。

## 7.3　微波连续加载下煤中甲烷解吸动力学规律

通过对实验数据进行拟合，得到无微波作用下和微波连续加载下实验煤样的扩散模型拟合结果，如图 7-3 所示。实验煤样的甲烷解吸扩散动力学模型的相关拟合参数见表 7-2。

**表 7-2　实验煤样甲烷解吸扩散动力学模型的拟合参数**

| 微波作用 | 经典扩散模型 | | 动扩散系数模型 | | |
|---|---|---|---|---|---|
| | $D/(\times10^{-8}\ cm^2/s)$ | 相关系数 $R$ | $D_0/(\times10^{-8}\ cm^2/s)$ | $\beta/s^{-1}$ | 相关系数 $R$ |
| 无微波作用 | 0.134 570 880 8 | 0.979 18 | 0.274 637 470 | 0.000 344 257 | 0.992 11 |
| 微波功率 25 W | 0.670 961 596 6 | 0.995 54 | 0.533 965 847 | −0.000 091 919 0 | 0.994 72 |
| 微波功率 50 W | 1.472 898 667 8 | 0.994 26 | 1.140 419 873 | −0.000 129 685 | 0.989 13 |

根据表 7-2 中动扩散系数模型的拟合参数，即甲烷初始扩散系数和动扩散系数的衰减系数，结合动扩散系数方程可得出相应微波作用下实验煤样的动扩散系数随解吸时间的变化关系，如图 7-4 所示。

由图 7-4 可知，与微波间断加载条件下的结果趋势相同，不同功率微波连续加载条件下煤样的甲烷动扩散系数均比无微波加载情况下的要大得多，这说明微波作用下煤样的甲烷

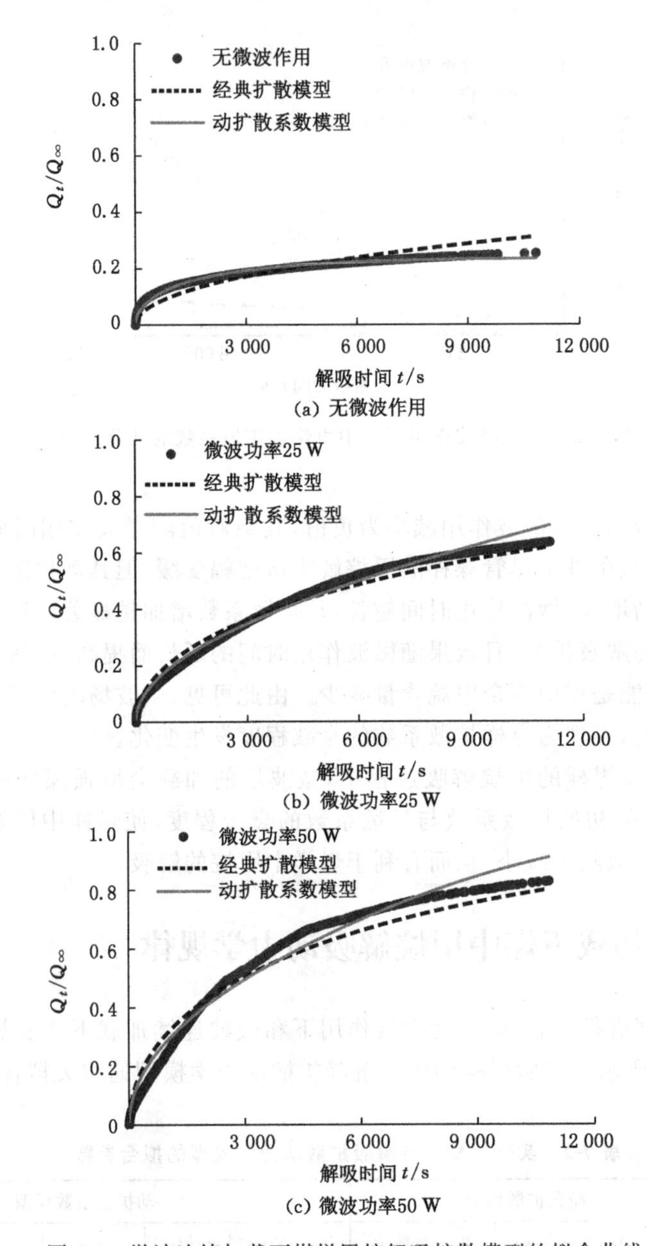

(a) 无微波作用

(b) 微波功率25 W

(c) 微波功率50 W

图 7-3 微波连续加载下煤样甲烷解吸扩散模型的拟合曲线

扩散能力得到了显著提高。

根据拟合参数可知，在不同功率微波作用下，煤样的甲烷初始扩散系数均大于无微波作用时的，且随微波作用功率的增大逐渐变大。同时，随着微波作用，实验煤样的动扩散系数的衰减系数减小为负值，其绝对值随微波功率的增加逐渐变大，这表明在微波加载条件下尽管煤样的甲烷解吸量增幅变缓，但其动扩散系数由于微波功率增大的影响而逐渐增大，微波作用功率越大，动扩散系数增加越显著。这说明微波作用能显著促进煤中甲烷的解吸扩散，且效果随微波加载功率的增大而提高，虽然后期甲烷解吸量增幅变缓，但原因可能是煤中剩余甲烷含量减少。

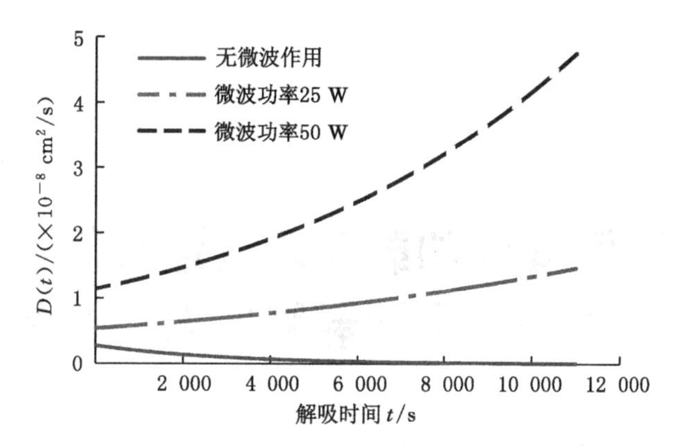


图 7-4 有无微波作用下煤中甲烷动扩散系数的变化规律

综上所述，在实验煤样的甲烷解吸过程中，微波场的连续作用会持续增强煤样中甲烷分子的活性、改变煤样中甲烷的初始扩散系数与扩散系数的衰减程度，使煤样中甲烷的解吸能力提高、扩散速度加快、扩散阻力减小，从而有利于煤样中甲烷的解吸。

# 8 微波间断加载与微波连续加载对煤样甲烷解吸影响的对比分析

前面已经分别探讨了微波间断加载和微波连续加载对煤样甲烷解吸的影响，但是没有对比分析这两种加载方式的优劣。不同的微波加载方式、不同的微波功率和不同的加载时间会产生不同的解吸效果。在将该方法应用于现场之前，需要确定最优微波加载模式和最优参数，目前还没有文献开展这方面的研究。

本章将以相同微波输入能量为基准，对比分析微波间断加载与微波连续加载模式下不同的微波功率和加载时间对煤样甲烷解吸的影响。通过对比微波间断加载与微波连续加载条件下甲烷的解吸量、解吸速率和扩散系数，可以得出一种适用于甲烷解吸的最合理有效的微波加载模式。该研究可为选择最合适的煤层气储层微波加载模式进行煤层气开采提供参考。

## 8.1 实验装置和程序

### 8.1.1 实验装置

实验装置如图 4-1 所示。

### 8.1.2 微波加载方式及实验条件

煤样甲烷解吸需要较长时间，如果在整个煤样解吸时间内连续加载较大功率微波，则煤样将被加热到非常高的温度，并可能发生热解。为了避免煤样发生热解，保证实验安全，采用了两种不同的微波加载模式：连续加载（简称 CML，微波功率≤200 W）和间断加载（简称 DML，微波功率≥500 W）。

在低功率（≤200 W）的微波连续加载模式下，微波加载引起的加热相对较弱，煤样温度升高缓慢。在微波连续加载实验中，将微波输出设置为 30 W、60 W、90 W 三种不同功率，分别记为 CMLP 30 W、CMLP 60 W 和 CMLP 90 W。在微波间断加载实验中，分别以不同的微波加载时间（10 s、20 s、30 s），间隔 5 min，进行 180 min 的解吸实验。在 180 min 的解吸实验中，每间隔 5 min 分别微波加载 10 s、20 s、30 s，煤样微波加载的总时间分别为 6 min、12 min、18 min，这三个实验分别记为 DMLT 6 min、DMLT 12 min、DMLT 18 min。根据相关研究，当温度低于 300 ℃时，煤样一般不进行热解。本研究的所有实验中煤样的温度明显低于 300 ℃，这意味着微波辐射后不产生气体，气相色谱仪的测量结果也证实了这一点。

在我国，瓦斯压力在 0.74 MPa 以上的煤层被认为具有较大的煤与瓦斯突出危险性。随着我国浅部煤层的逐步枯竭和深部煤层的开采，煤与瓦斯突出危险性高的煤层数量越来越多。为了研究微波加载对煤与瓦斯突出危险性较大煤层瓦斯抽采的影响，本实验选择 1 MPa作为吸附平衡压力。实验参数如表 8-1 所示。

**表 8-1　无微波加载、微波连续加载和微波间断加载下甲烷解吸实验参数设置**

| 实验条件 | 吸附平衡压力/MPa | 室温/K | 微波输出功率/W | 解吸时长/min | 微波加载周期/min | 每循环加载时间/s | 微波加载总时间/min | 微波能/kJ |
|---|---|---|---|---|---|---|---|---|
| 无微波作用 | 1.0 | 302.15 | 0 | 180 | | | 0 | 0 |
| CMLP 30 W | 1.0 | 302.15 | 30 | 180 | | | 180 | 324 |
| CMLP 60 W | 1.0 | 302.15 | 60 | 180 | | | 180 | 648 |
| CMLP 90 W | 1.0 | 302.15 | 90 | 180 | | | 180 | 972 |
| DMLT 6 min | 1.0 | 302.15 | 900 | 180 | 5 | 10 | 6 | 324 |
| DMLT 12 min | 1.0 | 302.15 | 900 | 180 | 5 | 20 | 12 | 648 |
| DMLT 18 min | 1.0 | 302.15 | 900 | 180 | 5 | 30 | 18 | 972 |

### 8.1.3　实验流程

煤样制备、脱气、吸附、解吸、数据测量等实验流程如图 8-1 所示。

本研究所用无烟煤采自九里山矿二$_1$煤层，该煤层瓦斯含量高、渗透率低。实验煤样物性参数如表 8-2 所示。实验所用煤样经筛分后混合均匀，再进行分离，形成单独的 110 g 煤样。在被压缩后，110 g 干燥的粉煤样品几乎填充了吸附解吸罐的整个内部空间，这使得罐内的剩余空间最小化，实验结果更加准确。

**表 8-2　实验煤样物性参数**

| $A_{ad}$/% | $V_{ad}$/% | $M_{ad}$/% | $ARD_{20}^{20}$/(g/cm$^3$) | $TRD_{20}^{20}$/(g/cm$^3$) | 孔隙率/% |
|---|---|---|---|---|---|
| 12.395 | 8.62 | 2.1 | 1.39 | 1.58 | 7.21 |

本研究包括无微波作用的常规甲烷解吸实验以及微波连续加载和微波间断加载下的甲烷解吸实验。无微波作用的甲烷解吸实验步骤如下：在 1.0 MPa 吸附压力下达到平衡后，关闭进气阀，打开通向大气环境的排气阀。当连接于吸附解吸罐上的压力表的读数达到零时(即当罐中的压力降至大气压力时)，罐中的游离甲烷已经通过流量计排放到大气中。此时甲烷解吸开始，开始计时并记录流量计读数。释放游离甲烷所需时间约为 4 s。关闭通向大气环境的排气阀，打开通向流量计的排气阀。流量计会自动测量煤样的甲烷解吸速率和累计甲烷解吸量。为准确测定甲烷解吸速率，前 30 min 的数据记录间隔时间为 3 s，后 30 min的数据记录间隔时间为 5 s。微波连续加载和微波间断加载下的甲烷解吸实验需要按表 8-1 所示方案加载微波，其他微波加载实验的脱气、吸附、解吸过程与无微波辐射实验的相同。甲烷开始解吸，则立即加载微波。

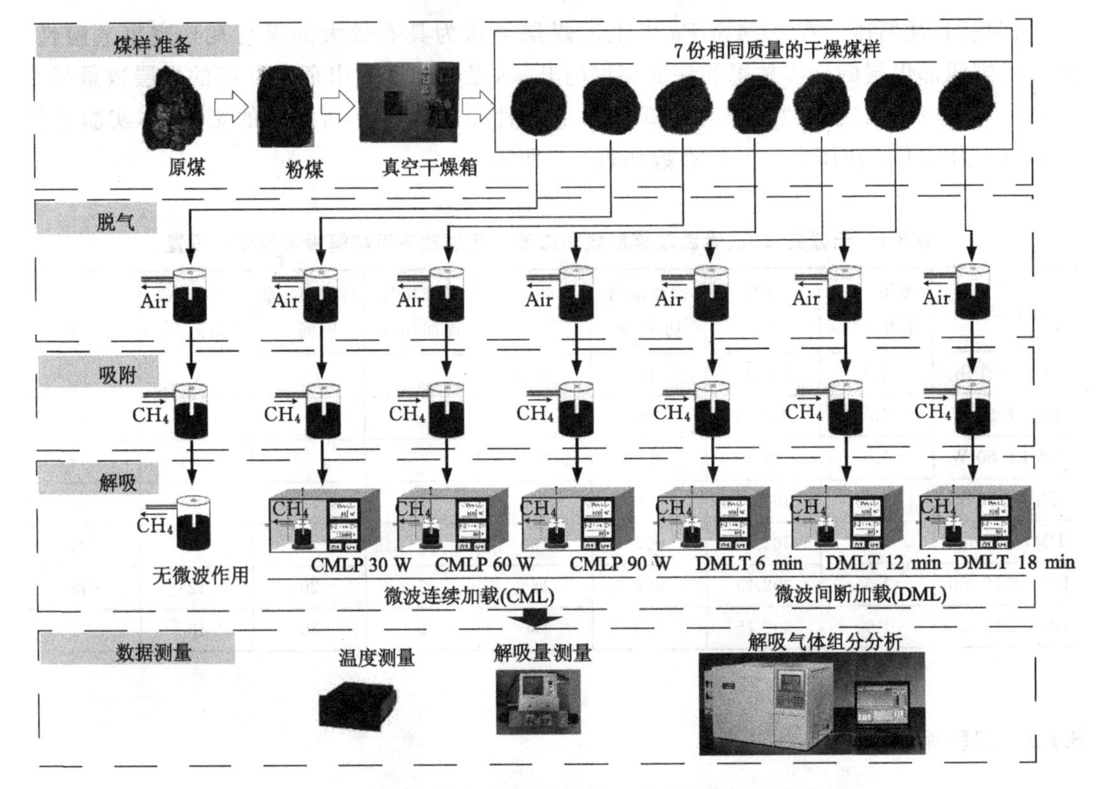


图 8-1　不同加载模式下的样品制备、实验和数据测量流程

## 8.2　煤的吸附等温线

室温和不同压力下的等温测试使用 TerraTex IS-100 型等温吸附/解吸仪。实验依据《煤的高压等温吸附试验方法》(GB/T 19560—2008)进行。吸附等温线如图 8-2 所示。朗缪尔方程被广泛用于描述煤的甲烷吸附。朗缪尔吸附模型等温吸附方程为：

$$Q=\frac{abp}{1+bp} \tag{8-1}$$

式中，$Q$ 为温度为 302.15 K 时不同压力下的甲烷吸附量，mL/g；$p$ 为吸附平衡时的甲烷压力，MPa；朗缪尔常数 $a$ 为无限大压力下的最大甲烷吸附量，mL/g；朗缪尔常数 $b$ 为朗缪尔压力的倒数，$MPa^{-1}$。

在室温(302.15 K)下，$a$ 为 39.27 mL/g，$b$ 为 1.79 $MPa^{-1}$，根据朗缪尔方程，在 1.0 MPa 吸附平衡压力下，吸附量 $Q$ 为 25.373 mL/g。

## 8.3　微波加载下煤样温度变化情况

微波加载下煤样温度变化情况如图 8-3 所示。无论是连续加载还是间断加载，煤样温度都呈现相同的变化趋势，即先快速上升，然后趋于稳定。在早期阶段，煤样吸收微波能量的能

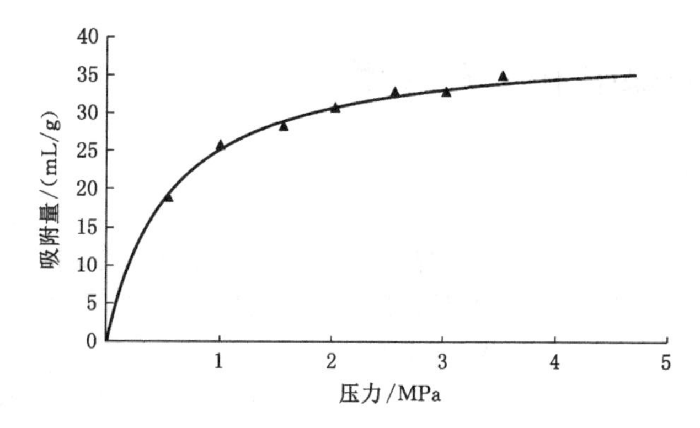


图 8-2　煤样在温度为 302.15 K 下的吸附等温线

力显著,温度快速上升。在中后期,随着温度的升高,煤样的介电常数减小,煤样吸收微波的能力减弱。同时,随着煤样与室内温差的增大,煤样的散热量随之增大。这两个因素是煤样温度上升速率减慢的原因。值得注意的是,在图 8-3 中,对于相同的微波能(CMLP 30 W≈DMLT 6 min, CMLP 60 W≈DMLT 12 min, CMLP 90 W≈DMLT 18 min),无论是连续加载还是间断加载,最终煤样温度大致相同。这说明微波能是煤样温度变化的重要影响因素。微波输出功率越大,煤样温度升高的速率越快,尤其是在 DMLT 18 min (微波输出功率为 900 W)条件下微波作用的前 30 s,最快升温速率可达0.42 ℃/s。温度的升高说明煤是一种典型的可以吸收微波的介质。当煤样置于微波场中,微波穿越煤样时,部分微波能量通过煤颗粒之间的内摩擦被吸收转化为热能。煤样温度的升高是微波热效应的外在表现。

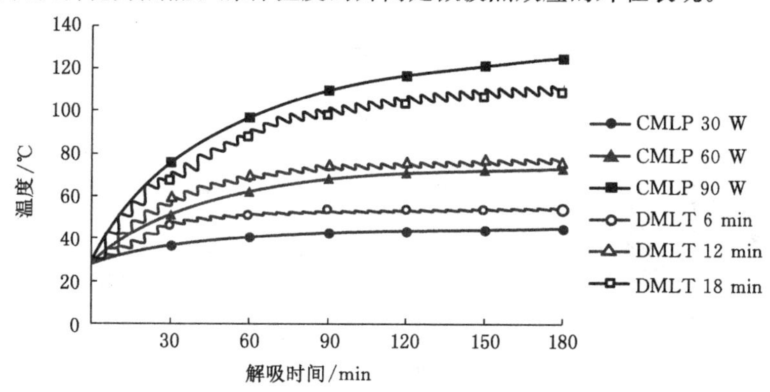


图 8-3　微波加载下煤样甲烷解吸过程中温度变化情况

影响煤样温度的其他因素包括系统散发的热量和解吸引起的温度下降。在实验过程中,微波发生器的门总是关闭的,微波发生器内部的空气几乎是静止的。来自系统的热量主要是通过传导和热辐射散失的。尽管没有定量计算整个系统温度的变化情况,但因为静止的空气的导热系数很低,实验过程中的升温量不是太大,而且微波发生器的表面积很小,因此通过传导和辐射散失的热量是很小的。由此可知,系统散热对实验的影响与微波作用引起的温升相比是非常小的。

## 8.4　微波加载对煤中甲烷解吸特性影响

### 8.4.1　微波加载对甲烷解吸量的影响

无微波作用和不同微波加载模式下煤样甲烷解吸量-时间曲线如图 8-4 所示。由图 8-4 可以看出，无论是微波连续加载还是微波间断加载，煤样甲烷解吸量均大大超过了无微波作用时的煤样甲烷解吸量。CMLP 30 W、CMLP 60 W 和 CMLP 90 W 实验的最终煤样甲烷解吸量分别比无微波作用实验下的增大 1.87 倍、2.49 倍、3.26 倍。DMLT 6 min、DMLT 12 min 和 DMLT 18 min 条件下最终煤样甲烷解吸量分别比无微波作用下的增大 1.91 倍、3.11 倍、4.13 倍。可见，微波连续加载与微波间断加载均能显著提高煤中甲烷的解吸能力。CMLP 30 W和 DMLT 6 min 的微波能相同，但 DMLT 6 min 下的最终煤样甲烷解吸量比 CMLP 30 W 下的提高了 2.14%。微波能在 CMLP 60 W 和 DMLT 12 min 条件下是相等的，DMLT 12 min 下的最终煤样甲烷解吸量比 CMLP 60 W 下的提高了 25.3%。同样，CMLP 90 W 和 DMLT 18 min 下微波能相同，而 DMLT 18 min 下的最终煤样甲烷解吸量要大26.7%。结果表明，在相同的微波输出能量下，微波间断加载比微波连续加载能够解吸出更多的甲烷。在微波连续加载条件下，甲烷解吸量-时间曲线呈波状，其原因是在高功率微波加载条件下，解吸速率迅速上升，解吸量迅速增加。图 8-5 为各微波能下甲烷解吸率对比情况。有无微波作用，甲烷解吸率的变化趋势与最终解吸量一致。DMLT 18 min 条件下甲烷解吸率最大，为 74.6%。

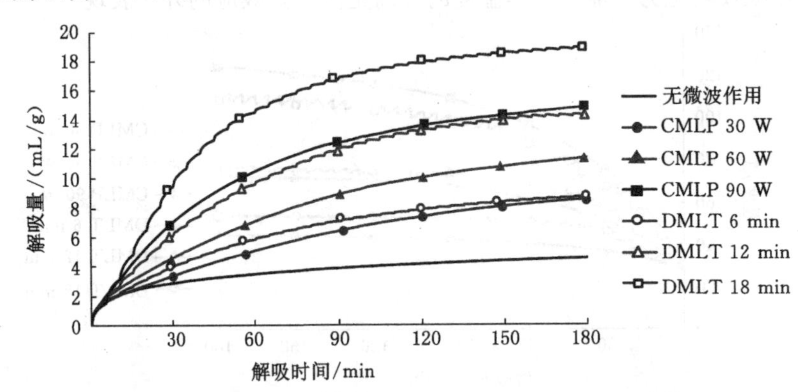


图 8-4　无微波作用、微波连续加载和微波间断加载下煤样甲烷解吸量变化曲线

### 8.4.2　微波加载对甲烷解吸速率的影响

图 8-6 显示了微波连续加载和微波间断加载与无微波作用的煤样甲烷解吸速率的对比情况。由图 8-6 可以看出，无论是使用微波加载还是不使用微波加载，所有实验煤样的甲烷解吸速率都随着时间的推移而下降，且微波加载下的甲烷解吸速率高于无微波作用时的。微波连续加载下的甲烷解吸速率缓慢衰减，而微波间断加载下的甲烷解吸速率呈现出许多与微波间断加载下微波能量脉冲相对应的波峰。在每个峰值处，甲烷解吸速率迅速增加并

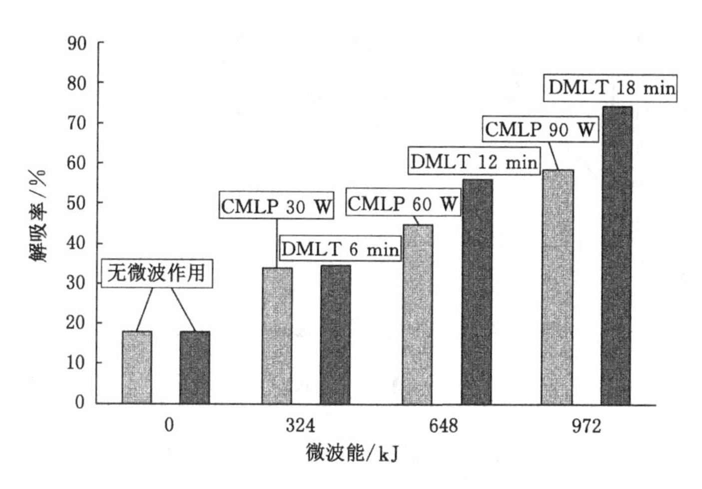


图 8-5　各微波能下甲烷解吸率对比情况

达最大值，尤其是在每个微波间断加载方案的第一个微波加载周期，随后的峰值在高度上逐渐减小。以第一个加载周期为例，DMLT 6 min、DMLT 12 min 和 DMLT 18 min 下的甲烷解吸速率峰值分别为 89 mL/min、99 mL/min 和148 mL/min。与加载微波前相比，高功率(30 W、60 W、90 W)微波短时加载使得甲烷解吸速率分别提高了 6.3 倍、7.1 倍和 10.6 倍。很明显，微波间断加载对甲烷解吸速率有非常显著但短暂的影响。综上所述，实时微波加载对无烟煤中甲烷解吸具有显著的增强作用，微波能量越大，对甲烷解吸的影响越显著。

### 8.4.3　甲烷解吸实时动力学分析

在本研究中，煤样中颗粒的平均半径 $r_0$为 0.037 5 cm。在动扩散系数模型下，采用非线性回归方法得到了解吸参数。解吸参数的理论曲线和实验数据曲线如图 8-7 所示。拟合参数及相关系数如表 8-3 所示。从图 8-7 和表 8-3 中可以看出，无微波加载和微波加载下实验的动态扩散模型与实际甲烷解吸数据吻合较好，相关系数 $R$ 均超过 0.98。

**表 8-3　动扩散系数模型的拟合参数(TME 表示微波能)**

| TME /kJ | 微波连续加载 | | | | 微波间断加载 | | | |
|---|---|---|---|---|---|---|---|---|
| | 实验条件 | $D_0$ /($\times10^{-8}$ cm$^2$/s) | $\beta$/s$^{-1}$ | 相关系数 $R$ | 实验条件 | $D_0$ /($\times10^{-8}$cm$^2$/s) | $\beta$/s$^{-1}$ | 相关系数 $R$ |
| 0 | 无微波作用 | 0.232 78 | 0.000 347 | 0.992 00 | 无微波作用 | 0.232 78 | 0.000 347 | 0.992 00 |
| 324 | CMLP 30 W | 0.239 14 | −0.000 082 0 | 0.997 54 | DMLT 6 min | 0.355 49 | 0.000 006 3 | 0.996 58 |
| 648 | CMLP 60 W | 0.453 75 | −0.000 102 | 0.994 70 | DMLT 12 min | 0.918 19 | −0.000 073 9 | 0.989 87 |
| 972 | CMLP 90 W | 0.958 47 | −0.000 553 | 0.990 50 | DMLT 18 min | 1.577 33 | −0.000 111 | 0.985 35 |

利用表 8-3 中的初始扩散系数 $D_0$及衰减系数 $\beta$，结合动扩散系数方程可得出实验煤样的动扩散系数随时间的变化关系，如图 8-8 所示。由图 8-8 可知，无论在实验初始阶段使用哪种微波加载模式，有微波加载时的初始扩散系数 $D_0$都大于无微波作用时的 $D_0$，且 $D_0$随着微波

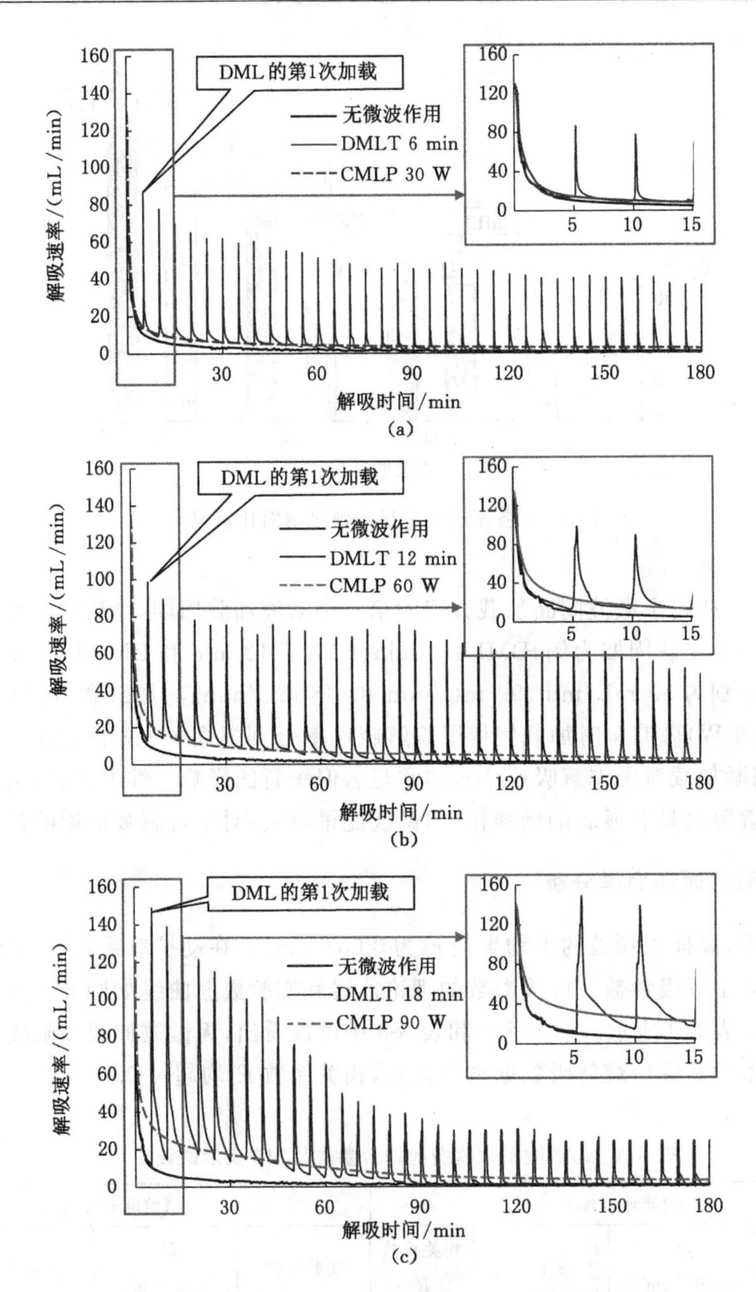


图 8-6　无微波作用、微波连续加载和微波间断加载下煤样甲烷解吸速率随时间的变化曲线

能的增加而逐渐增大。表 8-3 的数据表明，CMLP 30 W，CMLP 60 W，CMLP 90 W，DMLT 6 min，DMLT 12 min 和DMLT 18 min实验条件下的 $D_0$ 分别是无微波作用下 $D_0$ 的 1.03 倍、1.95 倍、4.12 倍、1.53 倍、3.94 倍、6.78 倍。相同的微波能，微波间断加载下的初始扩散系数高于微波连续加载下的。$\beta$ 表示动扩散系数衰减的程度，$\beta$ 越小，动扩散系数衰减得越慢。当 $\beta$ 为负值时，动扩散系数不但不减小，反而增大。由表 8-3 可以看出，在微波连续加载实验中，$\beta$ 从无微波作用到 CMLP 30 W、CMLP 60 W 和 CMLP 90 W 是逐渐降低的。对

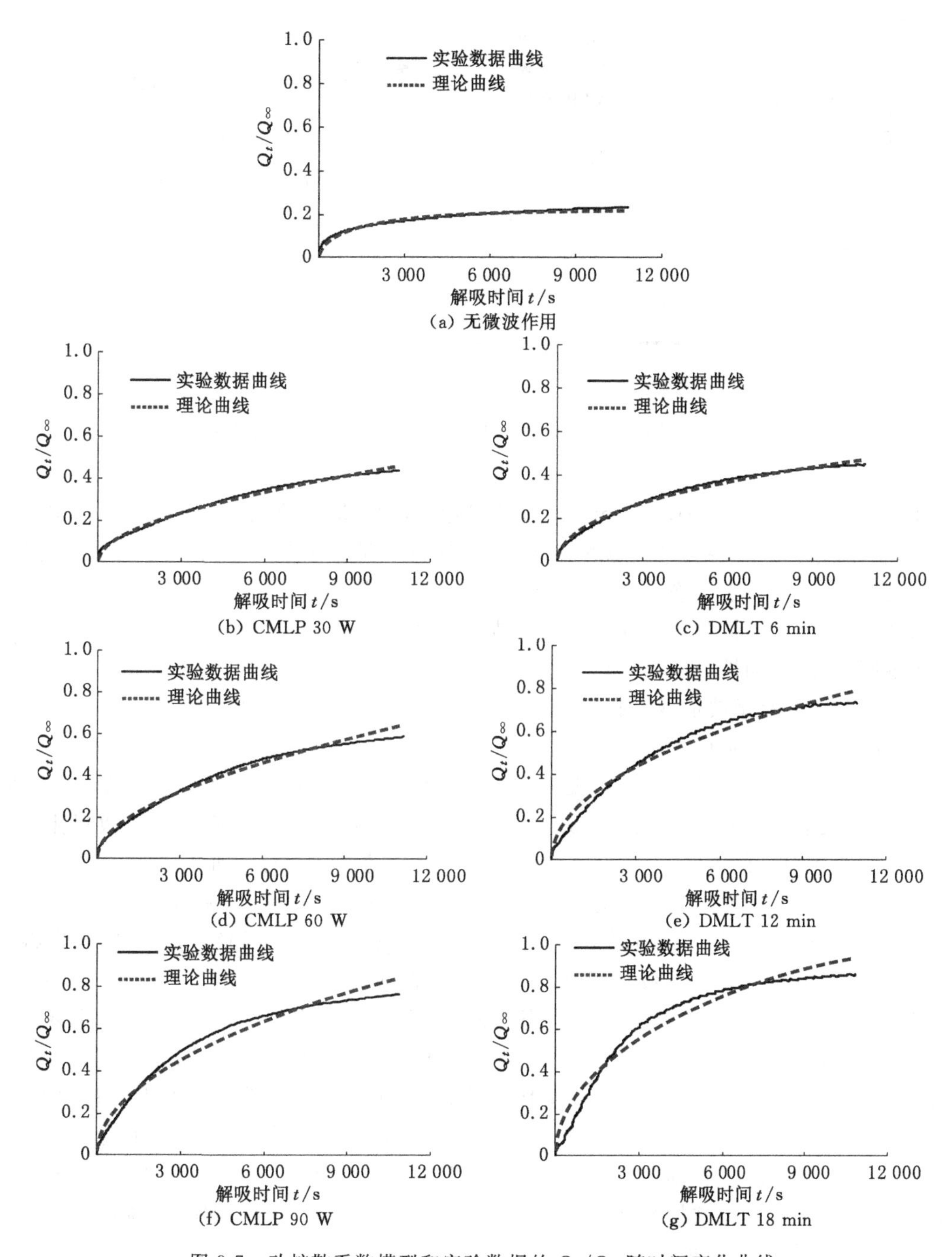


图 8-7　动扩散系数模型和实验数据的 $Q_t/Q_\infty$ 随时间变化曲线

于 CMLP 30 W及更高功率的微波连续加载，随着时间的增加，$\beta$ 变为负值，$D(t)$ 增加，如图 8-8 所示。在微波间断加载实验中，$\beta$ 由无微波作用到 DMLT 6 min、DMLT 12 min 和 DMLT 18 min也逐渐减小。在 DMLT 12 min 及更长的加载时间下，$\beta$ 逐渐变为负值，$D(t)$ 随着加载时间的增加而增加。如图 8-8 所示，在无微波作用和 DMLT 6 min 下，$D(t)$ 随着解吸时间的增加而减小，因为 $\beta$ 是正值。

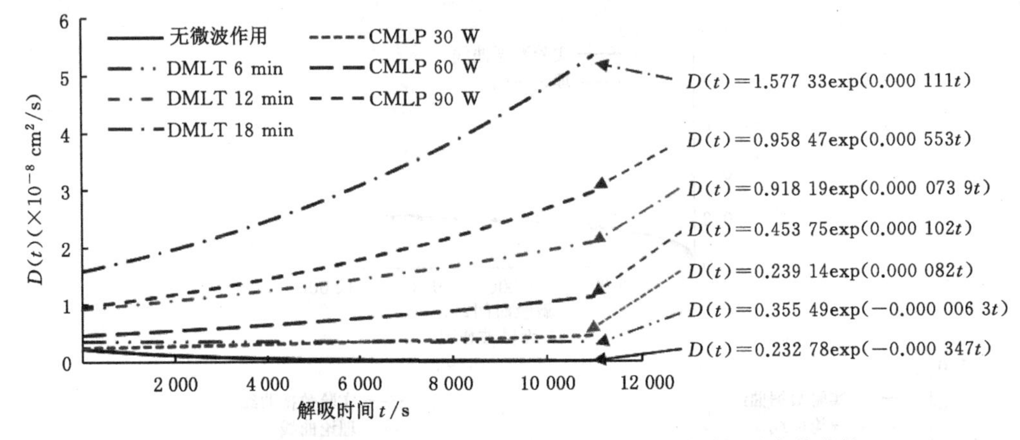


图 8-8　有无微波作用下煤中甲烷动扩散系数 $D(t)$ 随时间的变化曲线

在 CMLP 30 W 和 DMLT 6 min 下，$\beta$ 均接近零，动扩散系数几乎没有变化。在这两个实验中，微波能均为 324 kJ，从而说明 324 kJ 是保持动扩散系数不下降所需的最小能量。当微波能超过 324 kJ 时，虽然甲烷单位时间解吸量随着解吸次数的增加而减小，但随着微波加载功率的增加，动扩散系数逐渐增大。结果表明，实时微波加载可以改变甲烷解吸过程中的扩散阻力，降低动扩散系数的衰减程度。

上述现象主要是微波加载引起的热效应和产生的损伤效应造成的。虽然温度升高过程中扩散由于传热、传质以及扩散系数的变化而变得复杂，但已经有专家通过实验和 Arrhenius 方程得出等效扩散系数随温度升高呈指数增长的结论。当在扩散过程中加载实时微波后，微波能量供给甲烷-煤样组成的系统，系统温度升高。此时，吸附在煤微观孔隙中的甲烷分子具有更高的内能，甲烷分子活性显著提高。随着动能的增加，这些甲烷分子更活跃，更容易从煤的表面逸出。更多的游离甲烷会增大甲烷的浓度梯度，从而加速扩散。与此同时，随着温度的升高，煤中的孔隙膨胀，这种膨胀作用使得扩散更加容易。这些因素将减缓甚至可能阻止动扩散系数的衰减。当微波加载功率水平高于 CMLP 30 W 和 DMLT 6 min时，动扩散系数停止下降。当微波输出能量足够高时，动扩散系数停止衰减而开始增大。这就是 CMLP 60 W、CMLP 90 W、DMLT 12 min 和 DMLT 18 min 实验中发生的情况。此外，高功率微波加载对煤的损伤会导致原有的裂隙和裂缝扩大并形成新的裂缝。新裂缝增加了甲烷扩散通道的数量，增大了扩散速度，减小了扩散阻力，抑制了动扩散系数的衰减。扩张后旧裂隙和新裂隙可能是 CMLP 60 W、CMLP 90 W、DMLT 12 min 和 DMLT 18 min 条件下微波加载抑制扩散系数衰减的原因之一。后期解吸气体量减少的原因可能是煤中甲烷含量减少。

从物理角度看，甲烷被吸附在煤基质的内表面。煤的甲烷吸附解吸特征与煤变质程度、煤的成分、煤的含水率、煤的温度、煤所受的压力等因素有关。无烟煤内表面较为发育，含有大量吸附态甲烷，但甲烷从无烟煤中解吸通常非常缓慢。甲烷在没有微波加载情况下解吸如此缓慢的原因是，实验中使用的无烟煤是一种高变质程度煤，其微孔多，吸附能力强。即使使用粉煤，解吸速率仍然很慢，这也是要求无烟煤提高煤层气采收率的原因之一。

# 9 微波辐射对煤中甲烷解吸促进作用及机理

微波一般是指频率介于0.3～300 GHz的电磁波，是无线电波中的一个有限频带的简称，即波长介于0.001～1 m之间的电磁波，微波频率比一般的无线电波频率要高，通常也可称为“超高频电磁波”。微波作为电磁波，同样具有波粒二象性。微波量子的能量介于$1.99\times10^{-25}$～$1.99\times10^{-22}$ J，这种电磁波的能量比通常的无线电波要大得多。微波的基本性质通常表现为穿透、反射、吸收三个特性。对于玻璃态物质、瓷器和塑料制品，微波几乎可穿越而不被吸收。水和食物等则会吸收微波而使自身发热。而金属类材料，则会反射微波。微波作为一种高频电磁波，其作用于煤体一方面产生电磁场效应，另一方面产生热效应使煤体温度升高，即微波作用相当于对煤体同时施加电磁场与温度场。本章将探讨微波能对煤中甲烷解吸的促进作用及微波辐射对煤中甲烷解吸影响机理。

## 9.1 微波能对煤中甲烷解吸影响分析

为进一步明确微波能对煤中甲烷解吸的促进作用，根据第4章及第5章的实验数据，统计了微波间断加载与连续加载条件下微波能与（累计）甲烷解吸量、甲烷解吸增量（微波作用下最终甲烷解吸量与无微波作用下最终甲烷解吸量之差）数据，见表9-1及表9-2。

**表9-1 不同微波能对应的甲烷解吸量**

| 微波间断加载 | | | 微波连续加载 | | |
|---|---|---|---|---|---|
| 微波能/kJ | 甲烷解吸量/(mL/g) | 单位微波能甲烷解吸量/[mL/(g·kJ)] | 微波能/kJ | 甲烷解吸量/(mL/g) | 单位微波能甲烷解吸量/[mL/(g·kJ)] |
| 0 | 2.27 | | 0 | 4.17 | |
| 192 | 4.45 | 0.023 18 | 180 | 10.05 | 0.055 833 |
| 384 | 6.53 | 0.017 01 | 360 | 13.60 | 0.037 778 |
| 768 | 9.23 | 0.012 02 | | | |

**表9-2 不同微波能对应的甲烷解吸增量**

| 微波间断加载 | | | 微波连续加载 | | |
|---|---|---|---|---|---|
| 微波能/kJ | 甲烷解吸增量/(mL/g) | 单位微波能甲烷解吸增量/[mL/(g·kJ)] | 微波能/kJ | 甲烷解吸增量/(mL/g) | 单位微波能甲烷解吸增量/[mL/(g·kJ)] |
| 192 | 2.18 | 0.011 35 | 180 | 5.88 | 0.032 67 |
| 384 | 4.26 | 0.011 09 | 360 | 9.43 | 0.026 19 |
| 768 | 6.96 | 0.009 06 | | | |

(1) 微波能与甲烷解吸量之间的关系

根据表 9-1 中的数据,得出微波能与甲烷解吸量之间的关系(图 9-1)及微波能与单位微波能甲烷解吸量之间的关系(图 9-2)。其中,微波连续加载下甲烷解吸量与微波能之间的拟合关系式为:

$$Q = 0.026\ 2M + 4.558\ 3 \quad R^2 = 0.980\ 1 \tag{9-1}$$

微波间断加载下甲烷解吸量与微波能之间的拟合关系式为:

$$Q = 0.009M + 2.602\ 3 \quad R^2 = 0.983\ 8 \tag{9-2}$$

式中,$Q$ 为微波连续加载及间断加载下甲烷解吸量,mL/g;$M$ 为微波能,kJ。

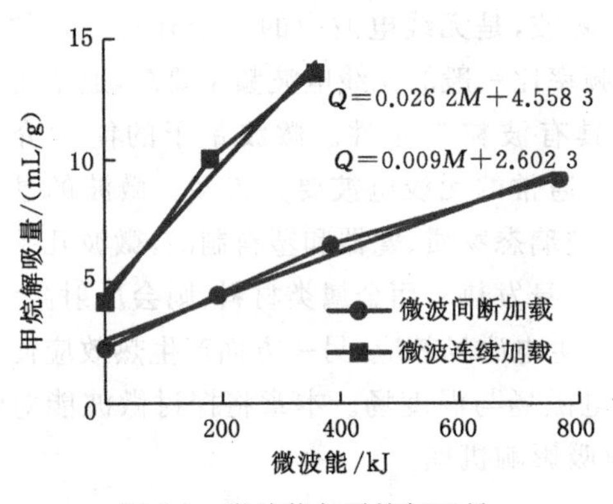


图 9-1 微波能与甲烷解吸量之间的关系

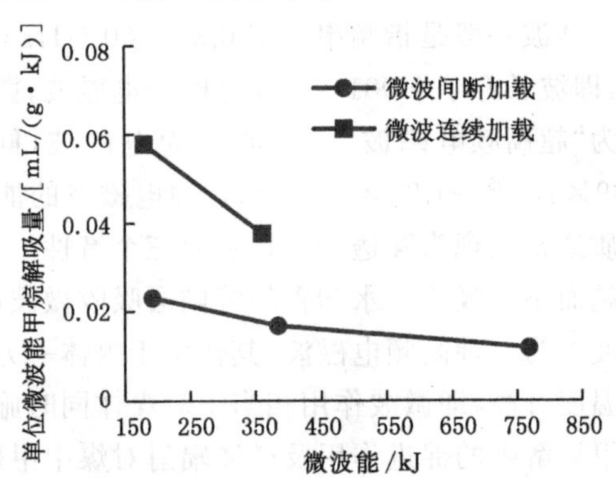


图 9-2 微波能与单位微波能甲烷解吸量之间的关系

由图 9-1 及图 9-2 可知,无论是微波间断加载还是微波连续加载,最终甲烷解吸量随着微波能的增加而增大,连续加载下单位微波能对甲烷解吸的促进作用要强于微波间断加载时的。随着微波能的增大,单位微波能产生的甲烷解吸量逐渐减小,这说明微波能促进甲烷解吸的效应随着微波能的增大是逐渐降低的。

(2) 微波能与甲烷解吸增量之间的关系

根据表 9-2 中的数据,得出微波能与甲烷解吸增量之间的关系(图 9-3)及微波能与单位微波能甲烷解吸增量之间的关系(图 9-4)。

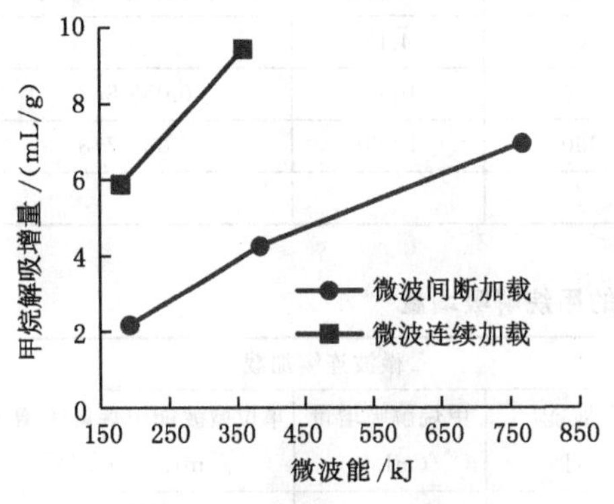


图 9-3 微波能与甲烷解吸增量之间的关系

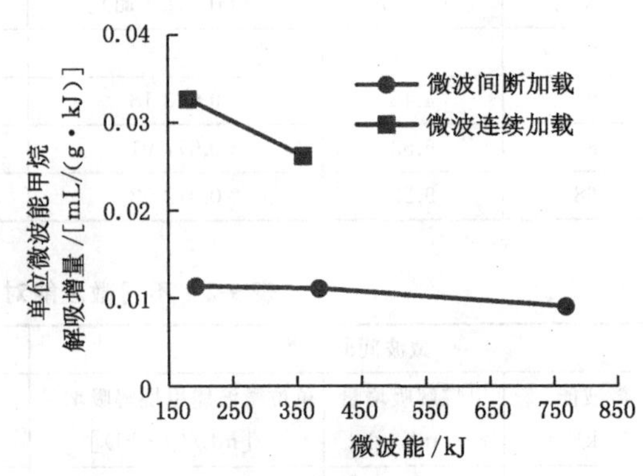


图 9-4 微波能与单位微波能甲烷解吸增量之间的关系

由图 9-3 及图 9-4 可知，无论是微波间断加载还是微波连续加载，最终甲烷解吸增量随着微波能的增加而增大，连续加载下单位微波能对甲烷解吸的促进作用要强于微波间断加载时的。随着微波能的增大，单位微波能产生的甲烷解吸增量逐渐减小，这说明微波能促进甲烷解吸的效应随着微波能的增大是逐渐降低的。

进一步分析表明，微波间断加载与微波连续加载均能促进甲烷解吸，施加微波能越多，最终甲烷解吸量越大，甲烷解吸增量越多；但随着微波能的增加，单位微波能对甲烷解吸的促进作用有所降低，性价比变差。微波连续加载的各项指标总体要好于微波间断加载时的。

## 9.2　微波辐射对煤体的电磁辐射热效应

煤体是一种典型的电介质，微波在煤体中传播时被吸收，其中极性分子以 2 450 MHz 的频率发生振荡并互相摩擦，从而产生功率损耗，使电磁能转化为煤体的热能，这一现象称为微波热效应。根据微波理论，微波场中单位体积煤体的有效功率损耗 $P_v$ 为：

$$P_v = 2\pi f \varepsilon_0 \varepsilon'' E^2 (1-R) \frac{Q_u}{Q_u + Q_d} \tag{9-3}$$

式中，$f$ 为微波频率，Hz；$\varepsilon_0$ 为无外电场时煤体的介电常数，$8.854\times10^{-12}$ F/m；$\varepsilon''$ 为损耗系数；$E$ 为电场强度，V/cm；$R$ 为煤体对微波的反射率；$Q_u$ 和 $Q_d$ 分别为煤体加载前和加载后的品质因子。

根据热力学理论，物体单位时间内吸热量 $Q$ 与温升 $\Delta T$ 的关系为 $Q=\rho c_p \Delta T/t$。假设微波作用于煤体的有效功率损耗全部转为热能被煤体吸收，且不考虑煤体的散热损失，由式(9-3)可得煤体在微波场中的升温速率为：

$$\frac{\Delta T}{t} = \frac{T-T_0}{t} = \frac{2\pi f \varepsilon_0 \varepsilon'' E^2}{\rho c_p} \frac{(1-R)Q_u}{Q_u+Q_d} \tag{9-4}$$

式中，$\rho$ 为煤的密度，g/cm$^3$；$c_p$ 为煤的质量定压热容，J/(g·K)；$T_0$ 为煤体初始温度，℃。

由此可知，处于微波场中的煤体将按照式(9-4)的能量转换关系将微波电磁能转为热能，从而提高自身的温度。

温度是影响煤中瓦斯吸附、解吸特性的一个重要因素。大量实验研究表明，煤的瓦斯吸附量与温度呈负相关关系，即瓦斯吸附量随温度的升高而降低；而瓦斯解吸量与温度呈正相关关系，升温可促进瓦斯解吸。随着煤体温度升高，瓦斯气体分子的无规则运动加剧，动能增大，获得大于吸附势垒的机会增多，在煤表面徙动过程中脱附的概率增大，从而使得煤体吸附瓦斯的能力降低、瓦斯吸附量减少。另外，微波场作用使得煤分子与瓦斯分子间的作用势提高，从而可降低吸附势阱深度，进而可提高煤体瓦斯解吸的可能性。解吸是一个吸热过程，微波热效应引起的温升为瓦斯气体脱附提供能量，可提高煤体中吸附态瓦斯分子发生解吸的可能性，使得微波作用下煤体中的吸附态瓦斯更易于解吸和扩散，在增大解吸量的同时还能大大提高解吸速率。

## 9.3　微波辐射对煤孔隙结构的影响

使用 ASAP 2020 型比表面积分析仪对不同微波作用条件下实验后煤样进行分析，以得出煤样孔隙结构变化规律。煤样比表面积、孔隙体积、孔径分析结果分别如表 9-3、表 9-4 和表 9-5 所示。

表 9-3　不同微波作用下煤样比表面积

| 微波作用 | 单点比表面积 /($m^2$/g) | BET 比表面积 /($m^2$/g) | 朗缪尔比表面积/($m^2$/g) | BJH 吸附比表面积/($m^2$/g) | BJH 解吸比表面积/($m^2$/g) |
|---|---|---|---|---|---|
| 无微波作用 | 0.720 3 | 0.734 6 | 1.008 0 | 0.319 0 | 0.271 9 |
| 微波作用 20 s | 0.433 7 | 0.425 3 | 0.570 5 | 0.145 0 | 0.132 0 |
| 微波作用 40 s | 0.303 8 | 0.294 0 | 0.390 1 | 0.143 0 | 0.168 8 |

表 9-4　不同微波作用下煤样孔隙体积　　单位:$cm^3$/g

| 微波作用 | 单点法孔隙体积 | BJH 吸附法孔隙体积 | BJH 解吸法孔隙体积 |
|---|---|---|---|
| 无微波作用 | 0.004 711 | 0.004 553 | 0.004 037 |
| 微波作用 20 s | 0.002 996 | 0.002 794 | 0.002 554 |
| 微波作用 40 s | 0.003 310 | 0.003 310 | 0.003 180 |

表 9-5　不同微波作用下煤样孔径　　单位:nm

| 微波作用 | BET 法平均孔径 | BJH 吸附法平均孔径 | BJH 解吸法平均孔径 |
|---|---|---|---|
| 无微波作用 | 25.651 18 | 57.006 1 | 59.396 0 |
| 微波作用 20 s | 27.237 53 | 76.771 4 | 77.371 8 |
| 微波作用 40 s | 45.044 35 | 92.520 8 | 76.363 7 |

煤样的比表面积、孔隙体积、孔径的检测均采用了多种方法。例如,比表面积检测就使用了单点法、BET 法、朗缪尔法等。由表 9-3 及图 9-5 不难看出,各煤样比表面积基本上是随微波作用时间的增加而减小的。其中,微波作用 20 s 煤样的比表面积基本降为原煤样的一半,而微波作用 40 s 煤样的比表面积与微波作用 20 s 煤样的相比稍有减小。孔隙体积检测采用了单点法、BJH 吸附法及 BJH 解吸法。由表 9-4 及图 9-6 可知,煤样孔隙体积均呈现先减小后增大且总体上减小的变化趋势。其中,用单点法测得微波作用 40 s 煤样的孔隙体积是原煤样孔隙体积的 70.3%。在煤样孔径方面,如表 9-5 所示,BET 法测得的平均孔径随微波作用时间的增加而增大,其中,微波作用 40 s 煤样的平均孔径为原煤样的 1.76 倍。BJH 吸附法测得的平均孔径随着微波作用时间的增加而增大,微波作用 40 s 煤样的平均孔径为微波作用 20 s 煤样的 1.21 倍,为原煤样的 1.62 倍。BJH 解吸法测得的平均孔径随微波作用时间的增加呈现先增大后减小且总体上增大的变化趋势,其中,微波作用 20 s 煤样的平均孔径为原煤样的 1.3 倍,微波作用 40 s 煤样的平均孔径与微波作用 20 s 煤样的基本相同。

总体来看,随着微波作用时间的增加,煤样比表面积逐渐减小,孔隙体积则先下降后略有上升,孔径逐渐增大。微波作用下煤样的比表面积和孔隙体积减小,孔径增大。由于煤对瓦斯的吸附能力与煤的总孔隙体积、比表面积呈正相关,而微波作用可以使煤的比表面积、

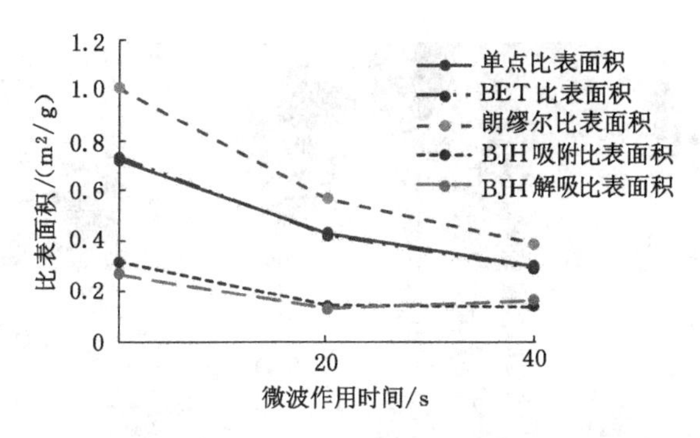


图 9-5 煤样比表面积与微波作用的关系曲线

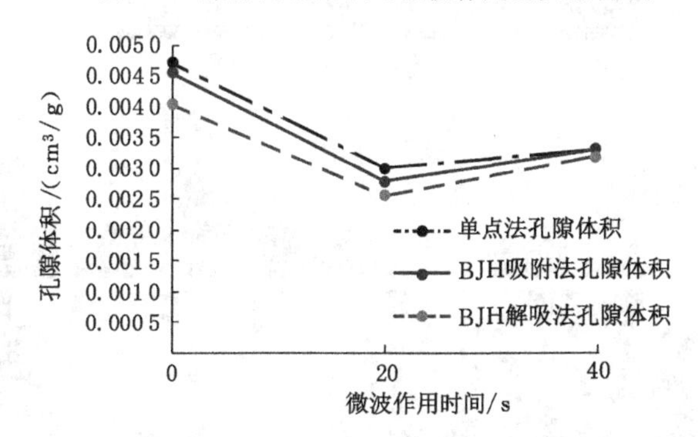


图 9-6 煤样孔隙体积与微波作用的关系曲线

总孔隙体积减小，从而验证了微波能使煤的吸附瓦斯能力降低，进而可促进瓦斯解吸。

## 9.4 微波选择性加热引起的煤体损伤效应

天然煤体通常含有多种矿物成分和元素，比如水、碳、硫、石英、黏土等。这些矿物成分的磁导率、介电常数、电导率均不相同，导致煤体内这些矿物成分吸收微波功率大小各不相同，从而造成煤体内各矿物成分受微波作用后升温效率不同，进而在煤体内部不同矿物成分之间形成比较明显的局部温差，遂产生热应力。这种热应力会促使煤体内部原有孔隙扩展，在不同矿物之间产生新的裂隙，进而对煤体内部结构产生影响，造成煤体损伤，从而形成微波作用对煤的损伤效应。这种损伤效应能使煤体孔隙结构发生变化，降低煤体吸附瓦斯的能力，使瓦斯运移通道更顺畅，从而促进瓦斯解吸和流动。并且煤体的这种损伤效应不会随微波作用消失而消失，其对煤体具有改性作用。采用 FEI Quanta 250 型扫描电子显微镜（SEM）观察微波作用前、后煤样的表面结构形态，结果如图 9-7 所示（图中，A、B、C、D、E 代表不同的测试煤样，1、2、3、4 分别表示无微波作用、微波作用 4 min、微波作用 8 min 及微波作用 16 min，D-2、D-3、E-2 及 E-3 未获得）。

图 9-7 中 A-1、B-1、C-1、D-1 和 E-1 图像显示，在微波作用前，煤样表面比较光滑，结构较为完整。其他图像展示了微波作用后煤样结构的一系列变化，大致分为三类。其一，微波作用引起的快速升温使孔隙中的水分、挥发物和小分子有机物蒸发或熔融，从而提高了孔隙中的气体压力，气体压力的增加会扩大原有的孔隙，也会形成新的更多的孔隙，这在 A-2、

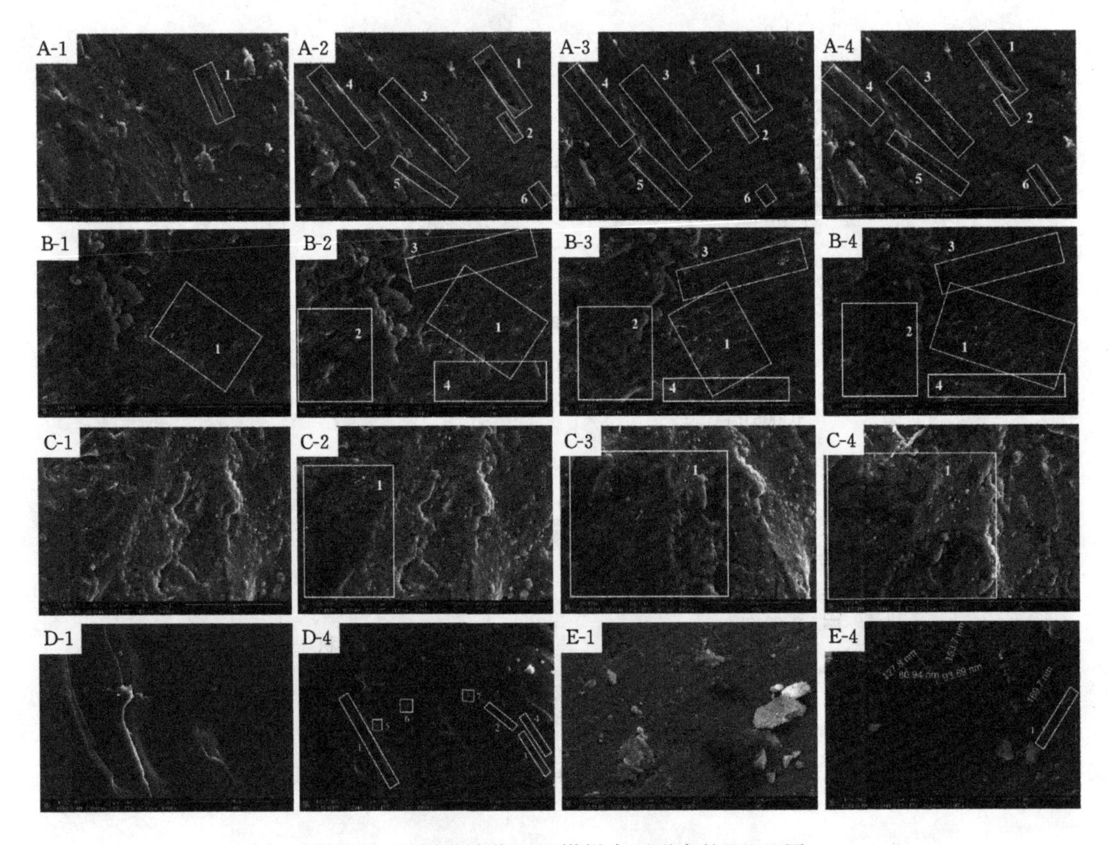


图 9-7　不同微波作用下煤样表面形态的 SEM 图

A-3和 A-4 中标记为 2 和 6 的区域很明显，在 B-2、B-3 和 B-4 中标记为 2、3 和 4，在 C-2、C-3 和 C-4 中标记为 1。此外，在 E-4 中可以看到许多新的洞和小孔隙。在 A-1、A-2、A-3 和A-4 中标记为 1 的区域可以看出原生小孔隙被扩张变大。随着微波作用时间的延长，原有的孔隙逐渐扩张增大。其二，会生成新的裂缝，如 A-2、A-3、A-4 中标记为 3、4、5，B-2、B-3、B-4 中标记为 1，D-4 中标记为 1、2、3、4，以及 E-4 中标记为 1 的区域。其三，煤中矿物颗粒剥离和破碎。这可以在 D-4 中标记为 5、6 和 7 的区域看到。可见，微波辐射对煤的损伤作用既促进了甲烷的解吸，又改善了甲烷的运移通道。

# 10　微波辐射在强化煤层气(页岩气)产出中的潜在应用

通过前面的研究可知,微波辐射可以使煤体温度升高,同时可使煤体孔隙中的水分受热蒸发,增大气体的运移空间;另外,微波的选择性加热会对煤体造成损伤,改变煤体内部孔隙结构,使吸附孔减少、渗流孔增多,并且在一定程度上使煤体孔隙半径变大。以上微波辐射对煤体的影响均有利于煤中瓦斯的解吸扩散,所以在理论上,微波辐射可以有效增透煤层。基于这一认识,本章进一步分析探讨了微波辐射增透煤层瓦斯抽采的潜在应用,以期尽早实现现场应用。

## 10.1　微波辐射在石油开采等领域应用现状

R.G.McPherson 等在 1985 年提出了利用电磁波加热来促进石油开采的新方法,设想将电磁波导入石油储层,通过电磁波的加热来增加重油的流动能力,从而起到促进石油原位开采的作用。后来,G.C.Sresty 等依据这一设想在油田现场进行了试验研究,3 周时间内在 25 $m^3$的储层内回采了 35%左右的石油,初步验证了这一设想的可行性。之后,许多学者陆续对此开展了试验研究。M.M.Abdulrahman 等提出了一种利用电磁场加热强化石油产出的数学模型,在该模型中,电磁波通过波导天线传入储层,进而对储层进行加热;通过该方法试验研究了 915 MHz、2 450 MHz 和 5 800 MHz 频率电磁波作用下石油抽采率的变化情况,发现电磁波加热可以有效促进石油抽采,提高抽采率。该方法的示意如图 10-1 所示。P.Vaca 等提出了利用微波辐射提高重油抽采率的方法,该方法通过在水平或垂直的井巷中安装一系列加热器将微波能传输到重油储层,加热器与储层直接接触,当微波通过加热器传播到油储层中时,其温度急剧上升,产生热量通过热传导渗透到一定范围的储层中,从而促进重油的开采,该方法布置相对简单且成本较低,方法示意如图 10-2 所示。A.Bera 等也提

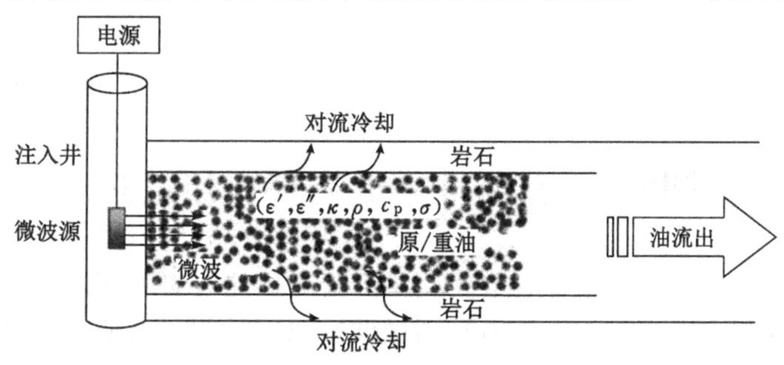


图 10-1　电磁波加热促进重油产出系统示意

出了利用电磁辐射加热技术提高重油抽采率的方法，该方法通过内外套管同轴系统将电磁波从地表传递到井筒中，可以在复杂地质条件下实施，成本相对较低，对环境污染小。该方法的示意如图 10-3 所示。

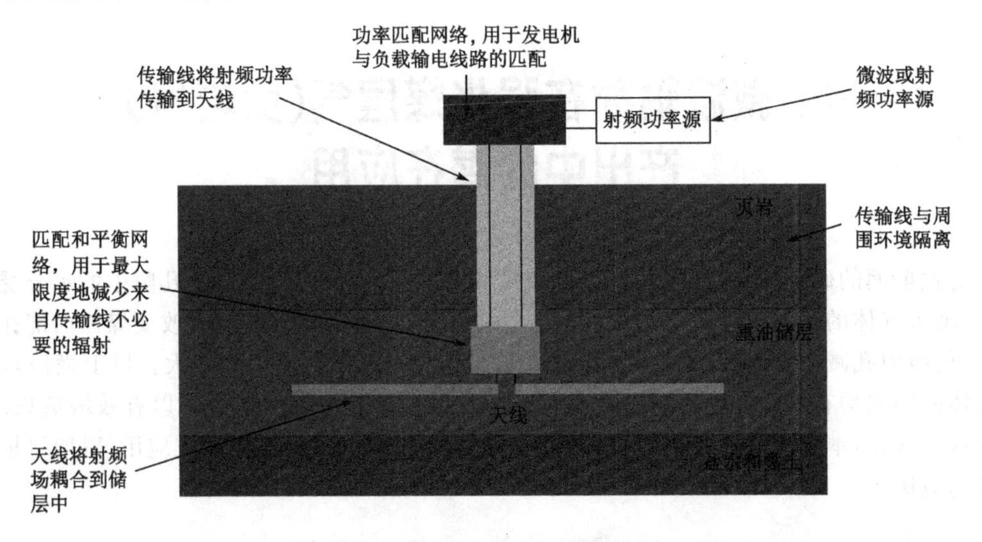


图 10-2　微波辐射提高重油采收率系统示意

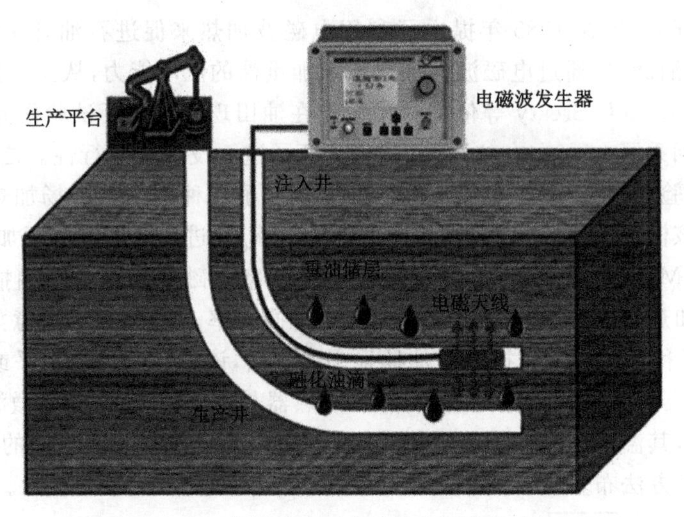


图 10-3　促进重油开采的电磁加热法示意

## 10.2　微波辐射辅助煤层瓦斯抽采的工程应用设想

电磁辐射在辅助石油开采领域已经得到了广泛的研究与应用，由这些研究成果可知，可以通过钻井天线将微波导入地层，从而利用微波辐射对地层进行直接加热，促进石油的开采。同样，对于矿井煤层而言，可通过钻井天线将微波导入煤层，使微波直接作用于煤体，煤体在微波的作用下不仅温度得到升高，其内部气体渗流通道也将变得更加顺畅，从而促进煤层中的瓦斯抽采。目前,煤层瓦斯抽采主要分为井下抽采与地面抽采,所以,微波辐射增透煤层瓦斯抽采系统也可分为这 2 种模式,如图 10-4 所示。微波辐射增透系统通常需要包含以下几个部分:

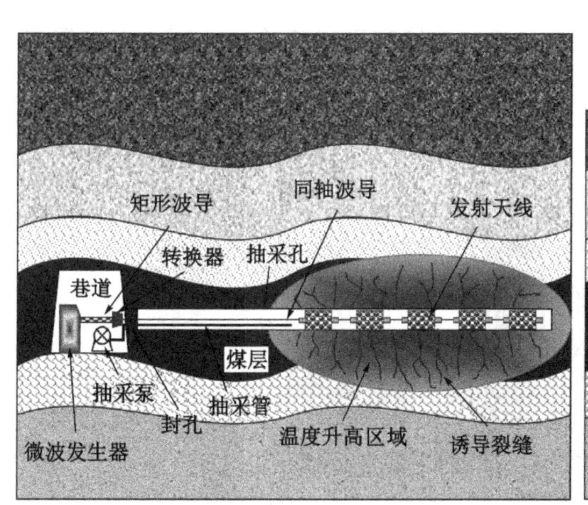


(a) 井下瓦斯抽采系统

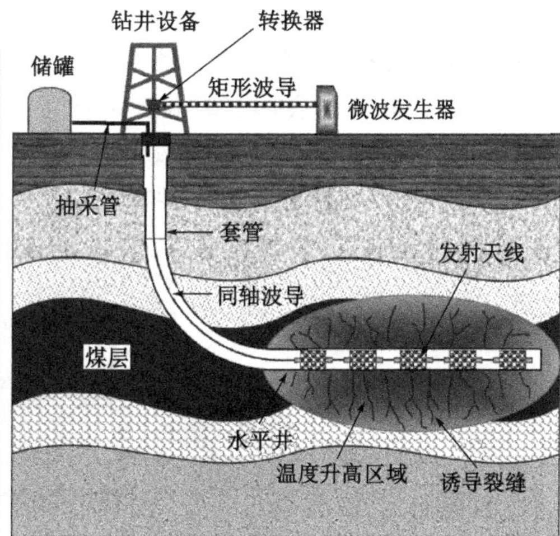


(b) 地面瓦斯抽采系统

图 10-4 微波辐射增透煤层瓦斯抽采系统示意

(1) 微波加热系统。包括微波发生器、微波控制系统、微波传输线、钻井天线等。其主要功能是输出微波,并控制输出微波的功率及频率等参数。

(2) 温度监控系统。该系统包含温度传感器、温度报警器及高温自动切断系统等。温度监控系统的作用主要是实时监测钻井天线周围煤层的温度,一旦煤层温度超过预设温度,就自动报警并自行切断电源停止微波加载。

(3) 瓦斯监控系统。该系统主要包含瓦斯浓度传感器及报警器等。其作用是实时监测周围煤层瓦斯浓度,当瓦斯浓度超标时即报警。

(4) 瓦斯抽采系统。该系统主要包括瓦斯抽采泵、瓦斯抽采管、抽采钻孔及封孔器等。

由第 8 章的研究结果可知,在输出微波能一致的情况下,微波间断加载比微波连续加载对煤中甲烷解吸的促进效果更好,因此,微波加热系统中微波发生器采用间断加载方式。此外,在部署微波辐射增透煤层瓦斯抽采系统时需要做好相应的安全措施,一般来说,在井下进行微波辐射增透煤层要比在地面上实施更加危险,所以,在井下进行微波辐射增透煤层瓦斯抽采必须注意以下几点:① 应当在通风良好的巷道内布置微波加热系统,以防止瓦斯积聚而发生危险,并且最好将其布置在抽采钻孔的上风口处。② 微波加热系统需要采取必要的隔爆抑爆措施。③ 在瓦斯抽采钻孔附近要设置瓦斯浓度监控装置,以实时监测瓦斯浓度。④ 在钻井天线或抽采钻孔上设置降温系统,一旦钻孔周围煤层温度过高,就启动降温系统,及时降温以防止发生火灾。

此外,页岩气储层在孔隙结构和储层性质方面与煤层气储层非常相似,因此微波辐射在激励页岩气藏方面具有很大潜力。在微波辐射作用下,页岩气藏作为一种电介质,能够吸收微波能而产生急速热效应,从而快速提高储层温度。一方面,温度是影响页岩气吸附解吸的一个重要因素,升温可以提高页岩气的解吸速率,加快页岩气扩散,增大产气速度;另一方面，页岩内不同矿物(黏土、石英、方解石等)对微波的吸收能力各不相同，从而形成明显的局部温差而产生热应力，引起页岩内水分汽化而产生蒸汽压。当页岩的热应力与蒸汽压超过造岩矿物或胶结物的强度极限时，页岩微结构损伤，产生裂隙，从而有利于提高页岩气储层渗透性。

现有微波技术下，微波发生器产生的微波可以通过波导和天线传输到井下处理储层，如图 10-5 所示。在竖井底部安装温度传感器，用于实时监测页岩气储层温度。地面工作人员可根据微波对页岩气储层的加热效果，在地面的控制台上对微波发生器的通电时间与功率加以掌控调节，以实现最佳效果并确保安全。

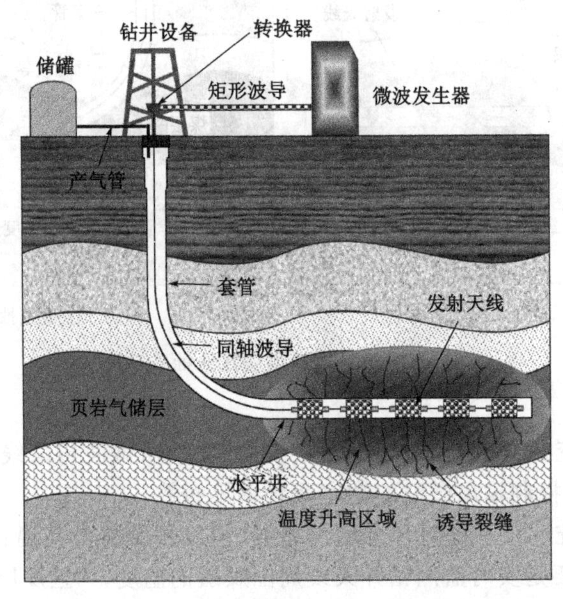


图 10-5　微波辐射辅助页岩气增产示意

## 10.3　微波辐射促进煤储层瓦斯运移效果数值模拟

由前述研究可知，微波辐射煤体时，热量的不断积累会使煤体各组分介电性质、分布形态和运动过程发生变化，煤储层温度升高有利于增大瓦斯解吸量，提高瓦斯运移速度，同时对扩展煤体孔隙和提高煤体渗透率有一定促进作用。为了考察微波注热煤储层过程中微波辐射促进煤储层瓦斯运移效果，本章利用 COMSOL 模拟软件建立电磁-热-流-固耦合数值模型，进一步分析微波辐射对煤体渗透性和瓦斯运移的影响机理。

### 10.3.1　几何模型和网格划分

(1) 几何模型

本研究借助 COMSOL 模拟软件构建微波辐射促进煤储层瓦斯运移多场耦合二维几何模型，模型几何形状如图 10-6 所示，在矩形煤储层两端分别设置两个波导端口，电磁波以横电波 $TE_{10}$ 模式传播，辐射频率恒定为 2.45 GHz。圆形瓦斯抽采钻孔设置在矩形几何中心位置，孔内瓦斯气体压力恒定为 0.1 MPa，游离瓦斯气体源源不断地向孔口运移。

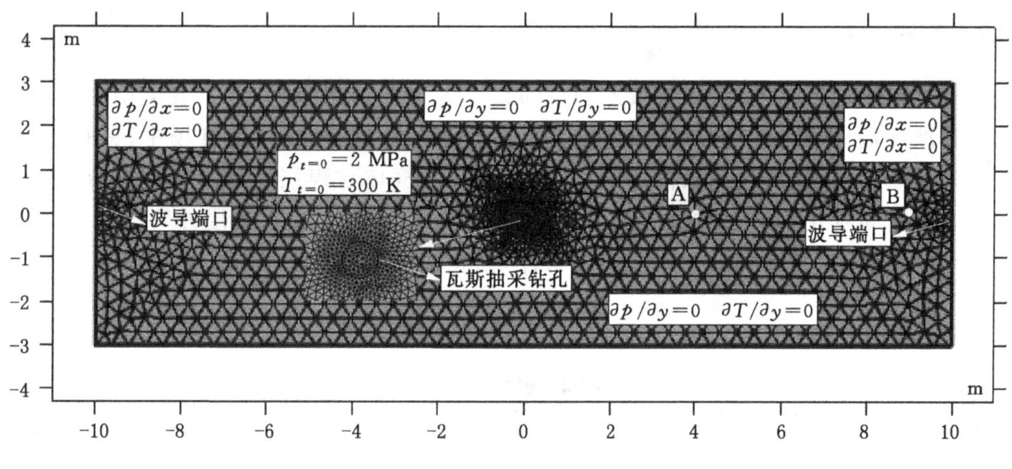


图 10-6　微波辐射促进煤储层瓦斯运移多场耦合二维几何模型

(2) 网格划分

COMSOL 模拟软件通过几何模型离散化实现有限元模拟分析，因此单元划分尺寸和单元质量对模拟收敛性和结果精确度有着重要影响。对于三角形网格单元，网格单元质量与单元面积和形状、边长有关。较低的网格单元质量不仅影响单元形态规律性，还会引起单元网格弯曲反转和雅可比矩阵条件数增多，从而造成收敛问题。一般情况下，当网格单元质量低于 0.3 时，认为模拟结果不可靠。表 10-1 给出了 9 种方案的网格划分情况，可以看出，当单元数增多时，网格致密性提高，网格单元质量增大，误差减小。将单元大小预定义为超细化时，最小网格单元质量为 0.580 9，平均网格单元质量为 0.871 3，完全满足可靠性要求。为节省计算时间、提高单元规律性及结果精确度，故选取方案Ⅱ进行网格划分。

**表 10-1　几何网格划分**

| 方案 | 单元大小 | 单元数/个 | 网格单元质量(MEQ) | |
|---|---|---|---|---|
| | | | 最小值 | 平均值 |
| Ⅰ | 极细化 | 11 494 | 0.538 5 | 0.902 1 |
| Ⅱ | 超细化 | 3 612 | 0.580 9 | 0.871 3 |
| Ⅲ | 较细化 | 1 868 | 0.564 9 | 0.867 6 |
| Ⅳ | 细化 | 1 446 | 0.516 3 | 0.796 3 |
| Ⅴ | 常规 | 1 408 | 0.530 1 | 0.793 9 |
| Ⅵ | 粗化 | 664 | 0.505 7 | 0.770 9 |
| Ⅶ | 较粗化 | 321 | 0.441 8 | 0.764 1 |
| Ⅷ | 超粗化 | 176 | 0.438 1 | 0.710 2 |
| Ⅸ | 极粗化 | 125 | 0.384 8 | 0.677 1 |

### 10.3.2 边界条件

在电磁场物理接口中，将煤储层四周壁面设置为散射边界条件，散射波类型为平面波，电磁波在波导端口和瓦斯抽采钻孔边界以横电波 $TE_{10}$ 模式传播；在温度场中，钻孔边界和波导端口无热量散失，将边界条件定为“热绝缘”；瓦斯气体在煤层四周边界无渗流，钻孔边界压力不随时间变化，其值为标准状况下大气压力 101.325 kPa。煤储层外部边界荷载不变并且壁面位置固定，设为“固定约束”边界条件；钻孔边界不受外力作用，设为“自由”边界条件，如表 10-2 所示。

**表 10-2 模型边界条件**

| 边界 | 电磁场 | 温度场 | 渗流场 | 固体应力场 |
| --- | --- | --- | --- | --- |
| 煤层边界 | $\boldsymbol{n}\times(\ \times\boldsymbol{E})-\mathrm{j}k\boldsymbol{n}\times(\boldsymbol{E}\times\boldsymbol{n})=0$ | $-\boldsymbol{n}\cdot\boldsymbol{q}=0$ | $-\boldsymbol{n}\cdot\rho\boldsymbol{u}=0$ | $\boldsymbol{u}=0$ |
| 波导端口 | $\boldsymbol{S}=\dfrac{\int_{\partial\Omega}(\boldsymbol{E}-\boldsymbol{E}_1)\cdot\boldsymbol{E}_1}{\int_{\partial\Omega}\boldsymbol{E}_1\cdot\boldsymbol{E}_1}$ | $-\boldsymbol{n}\cdot\boldsymbol{q}=0$ | $-\boldsymbol{n}\cdot\rho\boldsymbol{u}=0$ | $\boldsymbol{u}=0$ |
| 瓦斯抽采钻孔 | $\boldsymbol{n}\times(\ \times\boldsymbol{E})-\mathrm{j}k\boldsymbol{n}\times(\boldsymbol{E}\times\boldsymbol{n})=0$ | $-\boldsymbol{n}\cdot\boldsymbol{q}=0$ | $p=p_s$ | 自由 |

### 10.3.3 参数设置

模型构建中各物理场模块参数输入数值、模型几何尺寸和模型初始条件如表 10-3 所示。

**表 10-3 模拟参数数值**

| 符 号 | 参 数 | 取 值 | 单 位 |
| --- | --- | --- | --- |
| | 煤层尺寸 | 20×6 | m |
| | 波导尺寸 | 0.2×0.2 | m |
| | 钻孔半径 | 80 | mm |
| $P$ | 微波功率 | 0.1 | kW |
| $\varepsilon''$ | 煤的介电常数实部 | 0.22 | |
| $\varepsilon'$ | 煤的介电常数虚部 | 0.02 | |
| $\alpha_T$ | 煤的热膨胀系数 | $2.4\times10^{-5}$ | 1/K |
| $\rho_c$ | 煤体密度 | 1 250 | $kg/m^3$ |
| $\rho_{ga}$ | 标准状况下的瓦斯气体密度 | 0.7 | $kg/m^3$ |
| $k$ | 煤的导热系数 | 0.48 | W/(m·K) |
| $c_p$ | 煤的质量定压热容 | 1 000 | J/(kg·K) |
| $T_1$ | 测试吸附瓦斯的参考温度 | 27 | ℃ |
| $V_L$ | 参考温度下朗缪尔体积 | 0.04 | $m^3/kg$ |
| $p_L$ | 参考温度下朗缪尔压力 | $1.6\times10^6$ | Pa |

**表 10-3(续)**

| 符　号 | 参　数 | 取　值 | 单　位 |
|---|---|---|---|
| $c_2$ | 温度系数 | 0.02 | 1/K |
| $c_1$ | 压力系数 | $0.07\times10^{-6}$ | 1/Pa |
| $\mu$ | 瓦斯气体动力黏度 | $1.84\times10^{-5}$ | Pa·s |
| $\alpha_s$ | 瓦斯吸附应变系数 | 0.06 | $kg/m^3$ |
| $\nu$ | 煤的泊松比 | 0.34 | |
| $E_s$ | 煤基质弹性模量 | $8.143\times10^9$ | Pa |
| $T_0$ | 初始温度 | 27 | ℃ |
| $p_0$ | 初始瓦斯压力 | $2\times10^6$ | Pa |
| $k_0$ | 初始渗透率 | $1.0\times10^{-19}$ | $m^2$ |
| $\varphi_0$ | 初始孔隙率 | 0.01 | |

### 10.3.4　控制方程

(1) 电磁场方程

如式(3-1)至式(3-3)所示，模型采用麦克斯韦方程表述频域电磁波在空间传播规律，并结合散射边界条件求解微分方程，确定电磁场强大小和分布形态。

(2) 温度场方程

模型中不考虑热弹性阻尼和热辐射引起热量散失，固体传热物理模块中控制方程可表示为[103]：

$$\begin{cases} d_z\rho c_p\dfrac{\partial T}{\partial t}+d_z\rho c_p u\cdot\quad T+\quad\cdot q=d_z Q_{ted} \\ q=-d_z k\quad T \\ Q_{ted}=\dfrac{1}{2}\mathrm{Re}(J\cdot E^*)+\dfrac{1}{2}\mathrm{Re}(\mathrm{i}\omega B\cdot H^*) \end{cases} \tag{10-1}$$

式中，$d_z$ 为煤储层厚度，默认为 1 m；$\rho$ 为煤的密度，$kg/m^3$；$c_p$ 为煤的质量定压热容，J/(kg·K)；$u$ 为煤层移动速度，m/s；$q$ 为传导热流量，$W/m^2$；$k$ 为导热系数，W/(m·K)；$Q_{ted}$为外部热源，即煤介质损耗产生的热量，$W/m^3$；$J$ 为电流密度，$A/m^2$；$B$ 为磁通量密度，$Wb/m^2$；$E^*$ 为 $E$ 的共轭复数；$H^*$ 为 $H$ 的共轭复数。

(3) 应力场方程

煤储层属多孔多裂隙体系，内部空隙中含有大量瓦斯，当一定强度的集中应力作用于煤层时，煤层会破裂变形，同时瓦斯吸附膨胀、游离瓦斯迁移引起的压力变化、高温引起的热应力等都会对自身结构产生影响。在固体力学物理接口中将煤材料设置成具有理想线弹性特征，相关的固体应力应变控制方程为：

$$\sigma_{ij}=2G\varepsilon_{ij}+\frac{2G\nu}{1-2\nu}\varepsilon_{kk}\delta_{ij}-\alpha p\delta_{ij}-K\alpha_T T\delta_{ij}-K\varepsilon_s\delta_{ij} \tag{10-2}$$

$$\begin{cases} G=\dfrac{E}{2(1+\nu)} \\ K=\dfrac{E}{3(1-2\nu)} \\ \alpha=1-\dfrac{K}{K_s} \end{cases} \tag{10-3}$$

式中，$\sigma_{ij}$为应力，Pa；$G$为煤体剪切模量，Pa，其值与煤体弹性模量$E$和泊松比$\nu$有关；$\varepsilon_{ij}$为应变；$\varepsilon_{kk}$为体积应变，$\varepsilon_{kk}=\varepsilon_{11}+\varepsilon_{22}+\varepsilon_{33}$；$\delta_{ij}$为克罗内克(Kronecker)符号，当$i\neq j$时其值为0，当$i=j$时其值为1；$\alpha$为毕渥(Biot)数，其值由煤体压缩性决定；$p$为瓦斯压力，Pa；$K$为煤体体积模量，Pa，其值与煤体弹性模量$E$和泊松比$\nu$有关；$\alpha_T$为煤的热膨胀系数，1/K；$\varepsilon_s$为吸附应变，是由瓦斯吸附引起的；$K_s$为煤体骨架有效体积模量。

根据相关实验结果，吸附瓦斯量越多，吸附应变$\varepsilon_s$就越大，两者线性相关。根据式(10-2)，体积应变增量$\Delta\varepsilon_v$可表述为：

$$\Delta\varepsilon_v=-\frac{1}{K}(\Delta\bar{\sigma}-\alpha\Delta p)+\alpha_T\Delta T+\Delta\varepsilon_s \tag{10-4}$$

$$\begin{cases} \varepsilon_v=\varepsilon_{11}+\varepsilon_{22}+\varepsilon_{33} \\ \bar{\sigma}=-\dfrac{\sigma_{kk}}{3} \\ \varepsilon_s=\alpha_s V_s \end{cases}$$

式中，$\Delta\varepsilon_v$为体积应变增量；$\bar{\sigma}$为平均应力，Pa；$\sigma_{kk}$为应力矢量，$\sigma_{kk}=\sigma_{11}+\sigma_{22}+\sigma_{33}$；$\alpha_s$为瓦斯吸附应变系数，$kg/m^3$；$V_s$为吸附瓦斯含量，$m^3/kg$。

煤层体积有效应变表达式为：

$$\Delta\varepsilon_e=\Delta\varepsilon_v+\frac{\Delta p}{K_s}-\Delta\varepsilon_s-\alpha_T\Delta T \tag{10-5}$$

结合弹性力学原理，当不考虑惯性力的影响时，煤层受力平衡方程及应变由位移分量表述的方程式为：

$$\begin{cases} \sigma_{ij,j}+F_i=0 \\ \varepsilon_{ij}=\dfrac{1}{2}(u_{i,j}+u_{j,i}) \end{cases} \tag{10-6}$$

式中，$\sigma_{ij,j}$为应力矢量；$i$代表$x,y,z$方向；$F_i$为$i$方向上应力分量；$\varepsilon_{ij}$为应变矢量；$u_{i,j}$，$u_{j,i}$为位移分量。

由式(10-2)可得：

$$\Delta\varepsilon_{ij}=\frac{1}{2G}\Delta\sigma_{ij}-\left(\frac{1}{6G}-\frac{1}{9K}\right)\Delta\sigma_{kk}\delta_{ij}+\frac{\alpha}{3K}\Delta p\delta_{ij}+\frac{\alpha_T}{3}\Delta T\delta_{ij}+\frac{\Delta\varepsilon_s}{3}\delta_{ij} \tag{10-7}$$

在研究微波辐射煤储层变形机理时，将热膨胀应变、自由态瓦斯压力作用引起的体积应变及吸附态瓦斯应变的影响纳入介质变形控制方程中，并联立式(10-4)和式(10-5)，得到用位移分量表述的改进纳维(Navier)方程：

$$Gu_{i,jj}+\frac{G}{1-2\nu}u_{j,ji}-\alpha p_{,i}-K\alpha_T T_{,i}-K\varepsilon_{s,i}+F_i=0 \tag{10-8}$$

式(10-8)中含有$p_{,i}$，$T_{,i}$项，说明此方程考虑了气体压力、温度变化对煤体变形的影响。

(4) 渗流场方程

当煤层孔裂隙形状、尺寸以及所受温度和压力变化时,储存在煤层孔裂隙中不同状态的瓦斯会渗流运动,流动规律可用达西定律表述。当忽略重力效应时,达西渗流速率表达式为:

$$v=-\frac{k}{\mu}\quad p \tag{10-9}$$

式中,$v$ 为瓦斯气体流动速率,m/s;$k$ 为煤层渗透率,$m^2$;$\mu$ 为瓦斯气体动力黏度,Pa·s。

根据瓦斯气体流动的质量守恒定律,渗流场控制方程为:

$$\begin{cases} Q_m=\dfrac{\partial m}{\partial t}+\quad(\rho_g v) \\ m=\rho_g\varphi+\rho_{ga}\rho_c V_s \\ \rho_g=\dfrac{M_g p}{RT} \end{cases} \tag{10-10}$$

式中,$Q_m$为汇源项,$kg/(m^3 \cdot s)$;$m$ 为瓦斯含量,$kg/m^3$,包括两部分:游离瓦斯含量和吸附瓦斯含量;$\rho_g$为瓦斯密度,$kg/m^3$,符合理想气体状态方程;$\varphi$ 为孔隙率;$\rho_{ga}$为标准状况下的瓦斯气体密度,$kg/m^3$;$\rho_c$为煤体密度,$kg/m^3$;$M_g$为瓦斯气体摩尔质量,kg/mol;$R$ 为摩尔气体常数,J/(mol·K)。

相同温度下的煤层瓦斯吸附量用朗缪尔方程表示,不同温度和压力下的吸附瓦斯含量 $V_s$ 经校正后的表达式为:

$$V_s=\frac{V_L p}{p+p_L}\exp\left[-\frac{c_2}{1+c_1 p}(T_a+T-T_1)\right] \tag{10-11}$$

其中,$V_L$为参考温度下朗缪尔体积,$m^3/t$;$p_L$为参考温度下朗缪尔压力,Pa;$c_1$为压力系数,1/Pa;$c_2$为温度系数,1/K;$T_a$为无外力约束的煤层绝对温度,K;$T_1$为实验中吸附瓦斯时的参考温度,K。

游离瓦斯含量可用马略特(Mariotte)方程表示:

$$V_g=\frac{\varphi p T_s}{p_s T \rho_c} \tag{10-12}$$

式中,$V_g$为游离瓦斯含量,$m^3/t$;$T_s$为标准状况下煤层温度,K;$p_s$为标准状况下气体压力,Pa。

假定煤层属连续多裂隙体系,瓦斯气体在煤层中通过裂隙通道渗流,而吸附瓦斯处在微孔中,外力的作用对裂隙影响很大。故孔隙率 $\varphi$ 即裂隙率,它可用有效应变表示:

$$\varphi=\varphi_0+\alpha\Delta\varepsilon_e=\varphi_0+\alpha\left(\Delta\varepsilon_v+\frac{\Delta p}{K_s}-\Delta\varepsilon_s-\alpha_T\Delta T\right) \tag{10-13}$$

式中,$\varphi_0$为煤的初始孔隙率;$\Delta\varepsilon_e$为有效体积应变;$\Delta p/K_s$为压缩应变;$\Delta\varepsilon_s$为吸附应变;$\alpha_T\Delta T$为温度变化引起的热膨胀应变。

当煤储层孔隙率远小于 1 时,渗透率用式(10-14)表示:

$$\frac{k}{k_0}=\left(\frac{\varphi}{\varphi_0}\right)^3 \tag{10-14}$$

式中,$k$ 为孔隙率为 $\varphi$ 时的渗透率,$m^2$;$k_0$为初始渗透率,$m^2$。

根据式(10-4)、式(10-11)、式(10-13),求孔隙率 $\varphi$ 和体积应变 $\varepsilon_s$ 对时间的导数,并将计

算结果代入式(10-10),则化简后的煤层渗流场控制方程可表达为:

$$\frac{1}{T}\left[\varphi+\frac{\alpha p}{K_s}\right]\frac{\partial p}{\partial t}-\left[\frac{\varphi p}{T^2}+\frac{p\alpha\alpha_T}{T}\right]\frac{\partial T}{\partial t}+\left[\frac{R\rho_{ga}\rho_c V_L}{M_g}-\frac{\alpha p\alpha_s V_L}{T}\right]\cdot$$

$$\left\{\begin{aligned}&\frac{p_L}{(p+p_L)^2}\exp\left[-\frac{c_2}{1+c_1 p}(T+T_a-T_1)\right]\frac{\partial p}{\partial t}+\frac{p_L}{(p+p_L)}\exp\left[-\frac{c_2}{1+c_1 p}(T+T_a-T_1)\right]\cdot\\&\frac{c_1 c_2}{(1+c_1 p)^2}(T+T_a-T_1)\frac{\partial p}{\partial t}-\frac{p_L}{(p+p_L)}\exp\left[-\frac{c_2}{1+c_1 p}(T+T_a-T_1)\right]\frac{c_2}{(1+c_1 p)}\frac{\partial T}{\partial t}-\end{aligned}\right\}$$

$$\frac{1}{\mu}\left[\frac{\partial}{\partial x}\left(\frac{pk}{T}\frac{\partial p}{\partial x}\right)+\frac{\partial}{\partial y}\left(\frac{pk}{T}\frac{\partial p}{\partial y}\right)\right]=\frac{R}{M_g}Q_m-\frac{p\alpha}{T}\frac{\partial \varepsilon_v}{\partial t} \tag{10-15}$$

### 10.3.5 微波辐射煤层瓦斯运移多场耦合关系

本研究将构建电磁场、温度场、应力场及渗流场多物理场耦合模型,考察煤储层瓦斯运移机理,各物理场之间作用关系如图 10-7 所示,电磁波辐射煤层使其内部积聚热量,反过来温度升高又会改变煤层吸波产热能力,两者呈双向耦合关系。由式(10-11)和式(10-12)可知,煤体孔隙率和渗透率与有效体积应变有关,温度变化会引起应力场的改变,导致煤储层收缩或膨胀,相应渗透率和孔隙率会发生改变;同时温度升高时游离瓦斯含量增大,从而使

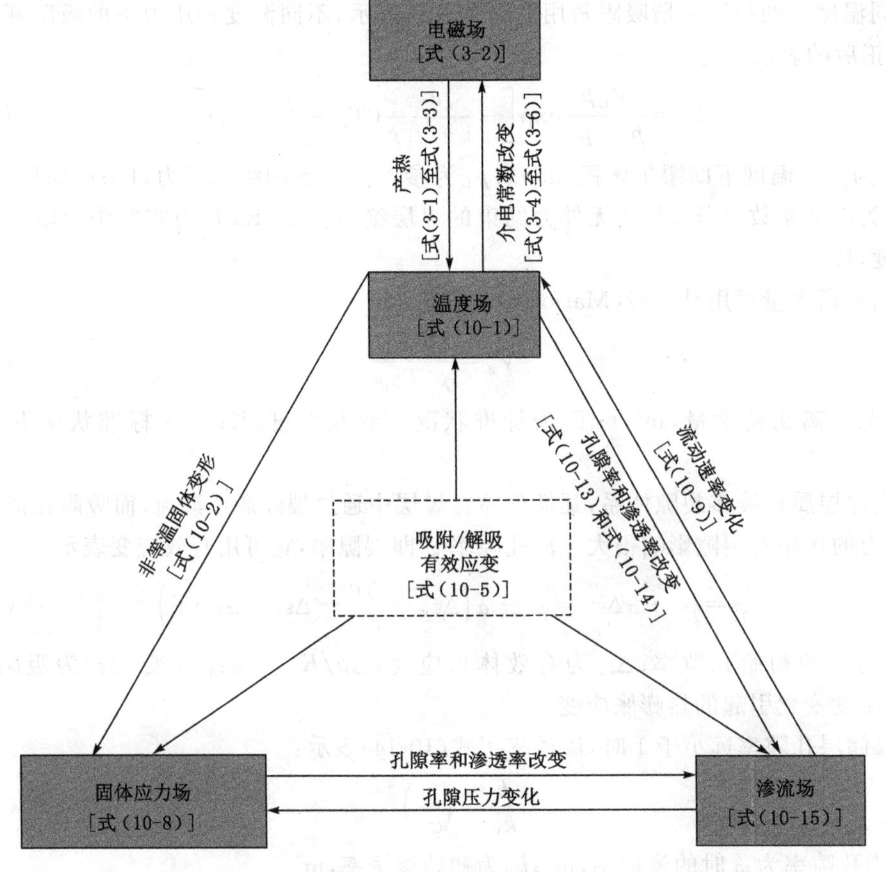


图 10-7 微波辐射下煤层电磁-热-流-固耦合关系

煤层内部压力不断变化,高温区域积聚的瓦斯携带一部分热量向低压区域迁移,这又会造成煤层体积应变。从分析可知,气体渗流场与温度场和固体应力场双向耦合,而温度场仅单方面影响固体应力场。

### 10.3.6 模型验证

W.C.Zhu 等提出了变温条件下煤-气相互作用的热-流-固耦合模型,通过热场的扰动,综合热应变、热致解吸、气体压力作用和解吸应变因素的影响,探讨瓦斯抽采过程中气体渗流特征和孔隙演化规律。本模型以电磁热为诱导因素,通过耦合电磁场、温度场、应力场及渗流场,考察流体流动和固体变形情况。为验证模型的合理性,拟以 W.C.Zhu 等构建的模型为参照模型,选取横坐标方向上 $A(x=4\ \mathrm{m})$、$B(x=9\ \mathrm{m})$两个监测点,将两模型中渗透率比值的模拟结果对比分析。由图 10-8 可看出,两模型得出的渗透率比值略有不同,这是由于两模型的孔隙率表达方程和热场控制方程存在差异,各物理场演化速度也会不同。总体来说,两者渗透率演化趋势一致,模拟结果相差不大,又由于本模型中参数选取和各场耦合关系的建立是在工程实践和实验结果基础上进行的,因此认为本模型构建合理,模拟结果可靠。

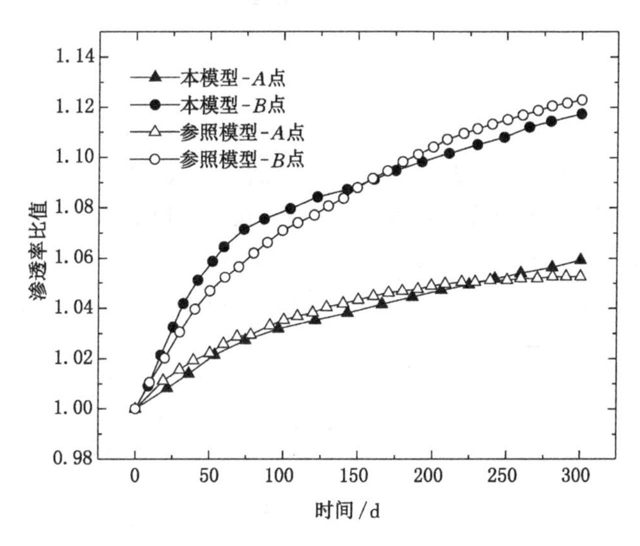


图 10-8 不同模型下煤体渗透率比值演化规律

### 10.3.7 微波辐射下煤层瓦斯运移演化规律

(1) 温度演化规律

根据自身介电特性,煤层将吸收的微波能以热能形式表现出来,由此引起的温度演化影响瓦斯气体渗流和煤介质力学特征变化趋势,可见温度场是微波注热下煤层响应过程的关键因素。与煤层内部温度演化时间相比,电磁循环传播时间可忽略不计,电磁能与热能的转化瞬时即可完成,高温位置的热量传递主要受热传导和气体热对流控制。瓦斯气体的渗流伴随热量传递,而温度梯度大小决定热传导快慢。结合原始煤层的密封性,在模型中不考虑表面对流散热量和水分相变耗热量。

图 10-9 是微波辐射煤层持续时间为 300 d 时的温度演化情况。从图 10-9 中可看出，煤层受热前，其内部温度均为初始温度 300 K；随着注热时间的增加，邻近波导端口的煤体温度不断升高，且高温区域逐渐向煤层内部延伸，这说明受煤体的热传导和气体热对流影响，高温区域的热量不断向低温区域供给，同时瓦斯运移方向朝向中央钻孔位置，使得钻孔周围温度升高；当加热时间为 300 d 时，钻孔周围温度升至 313 K，这是热量在煤层不断聚集，不同位置温度普遍升高，高低温区域的温差逐渐缩小造成的。

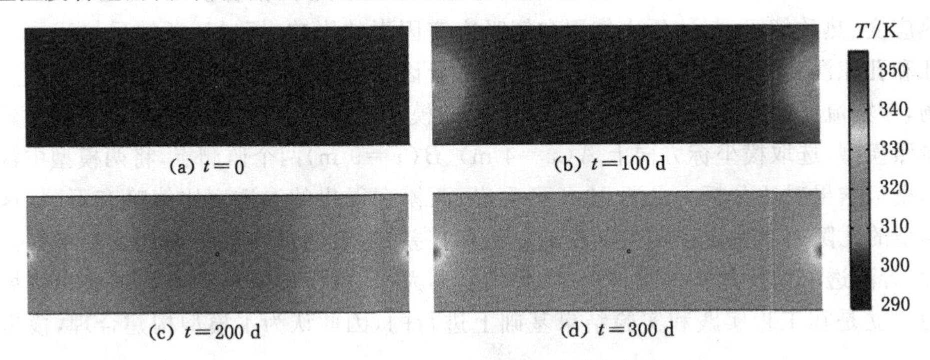


图 10-9　微波辐射下煤层温度演化情况

(2) 孔隙率演化规律

微波辐射煤层时，煤体内部孔隙率的变化与有效体积应变有关，孔隙率的变化是煤体总体积应变、压缩应变、吸附应变及温度热膨胀应变综合作用的结果。为了考察各体积应变分项对煤孔隙率的影响程度，本研究采用控制变量法，在几何模型的横坐标方向上分别选取监测点 $A(x=4\ \text{m})$、$B(x=9\ \text{m})$，以此分析不同时间下各分项对煤孔隙率比值的影响，结果如图 10-10 所示，不同的有效体积应变影响因素对孔隙率的作用在各个位置均不相同。

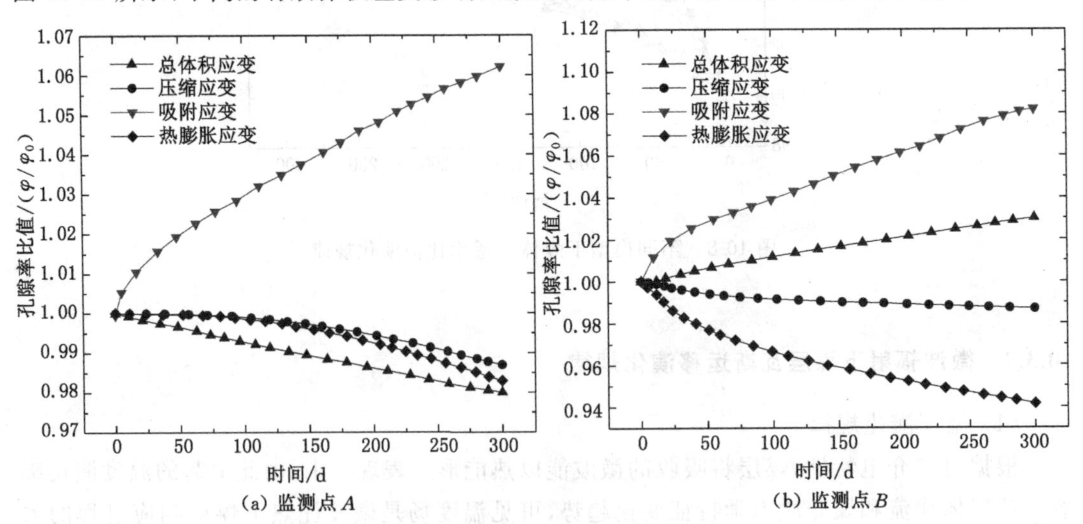


图 10-10　各耦合分量对煤体孔隙率比值的影响

在煤层受热初期，钻孔周边位置的煤体孔隙率会有下降趋势，邻近煤体与大气接触，使得该位置压力较低，内部高压力瓦斯不断向钻孔处迁移，邻近钻孔区域压力梯度增大；由于与微波辐射源距离较远,邻近钻孔区域热传导和气体热对流不充分,温度梯度较小。在 $A$ 点处,温度的升高促使热膨胀对煤层的压缩作用增强,其变化幅度与由压力梯度引起的压缩应变相差不大,同时瓦斯的吸附应变对孔隙率的影响程度随注热时间延长逐渐增大,结合煤体孔隙率计算公式,综合总体积应变、吸附应变、热膨胀应变和压缩应变的影响程度,煤体孔隙率要比初始值高。$B$ 点距离波导端口较近,该位置的高温导致热膨胀应变曲线处于图的底端。从图 10-10 中可看出:高温引起的瓦斯运移效应使煤体孔隙率增大,经各分项综合作用,煤体总孔隙率呈上升趋势。

(3) 渗透率演化规律

煤体温度和孔隙率会对瓦斯渗流过程产生明显影响,由式(10-13)可以看出,煤体渗透率是孔隙率的函数,考察不同注热时间下渗透率演化规律对探究瓦斯运移机理具有重要意义。常规瓦斯抽采效率不高,抽采持续时间短,这是因为抽采初期抽采钻孔邻近煤层形成卸压区,渗透率低,瓦斯压力小,距离钻孔较远位置的高压游离瓦斯源源不断地向钻孔方向运移,导致该区域的煤层渗透率略有增加,随着抽采时间延长,各位置煤层渗透率演化速率不同,使得渗透率分布不均衡,尤其钻孔周围较低渗透率严重制约瓦斯抽采效率。

图 10-11 展示了施加微波源后煤层的渗透率比值在不同加热时间下的演化规律。从图 10-11中可得出,邻近微波源区域的煤层渗透率比值最高,并且加热时间越长,该区域渗透率越大;同时,煤层中高渗透率范围从波导端口位置逐渐向煤层内部扩展。相比常规抽采,微波注热煤层引起的渗透率随加热时间增加的变化程度明显,煤层渗透率上升幅度较大。当微波加热时间增加时,钻孔附近的煤层渗透率也在升高,这说明不同温度下瓦斯吸附应变项对孔隙率的影响明显大于热膨胀导致的负效应,综合作用下煤体孔隙率增大,因此施加微波源下的瓦斯抽采效率明显高于常规抽采效率。

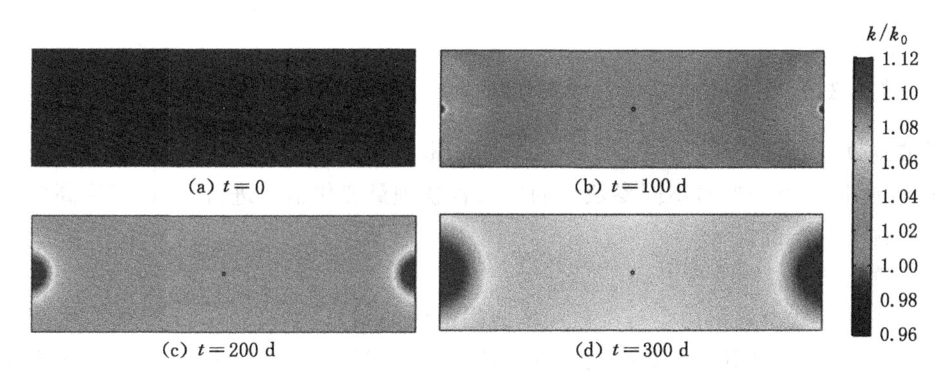


图 10-11 煤层渗透率比值在不同加热时间下的演化规律

(4) 煤层瓦斯含量演化规律

煤层瓦斯含量包括吸附瓦斯含量和游离瓦斯含量,其计算式如式(10-11)、式(10-12)所示。本研究将煤层初始状态下瓦斯含量设定为 25.3 $m^3/t$,两种不同状态的瓦斯含量和转化关系与所受温度和压力有关,温度升高、压力减小会使瓦斯由吸附态向游离态转化。通过探究非等温条件下的两种不同状态的煤层瓦斯含量演化规律,分析煤层不同注热时间下的瓦斯运移机制。图 10-12 给出了不同注热时间下的游离瓦斯含量和吸附瓦斯含量演化情况,两种状态的瓦斯含量均在邻近钻孔区域缓慢变化,而在波导端口附近不同位置差异明显。

对于吸附瓦斯含量，加热时间越长，波导端口附近的瓦斯含量越低，这与不同注热时间下煤层温度分布规律相似；同时，邻近钻孔区域的瓦斯含量也在不断减少；与游离瓦斯含量相比，吸附瓦斯含量较大。微波辐射 300 d 时，煤层瓦斯含量最大约 13 $m^3/t$，而在常规瓦斯抽采情况下，距离钻孔较远的区域在抽采 300 d 时的瓦斯含量约为 18 $m^3/t$，这远远高于微波注热下的煤层瓦斯含量，并且微波作用引起的热效应使波导端口附近的瓦斯含量更低。从吸附瓦斯含量与距钻孔的距离之间的关系来看，常规抽采的吸附瓦斯含量呈对数趋势增长；而由图 10-12 可知，吸附瓦斯含量会在微波源附近呈下降趋势，这也说明了微波辐射条件下抽采瓦斯的优越性。

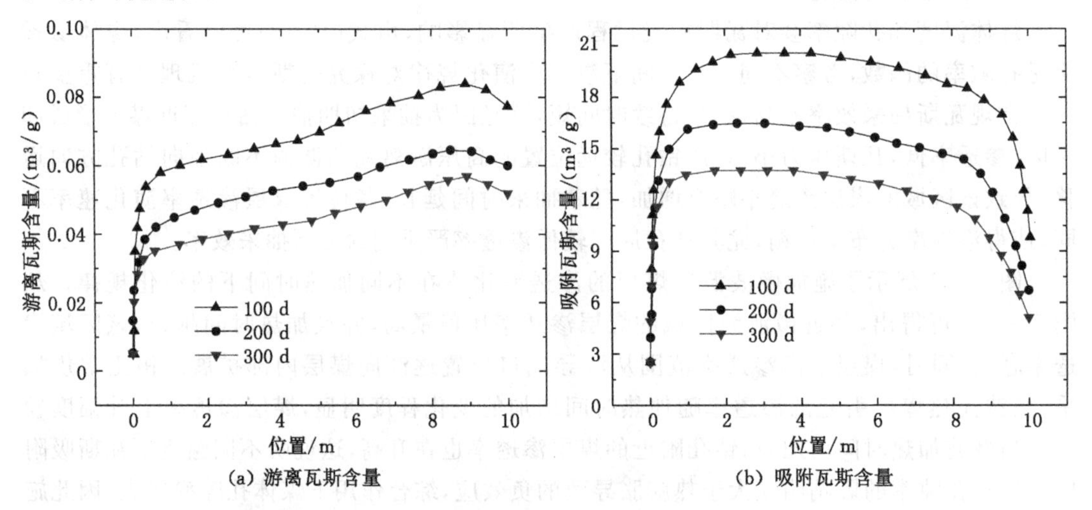


图 10-12　不同位置游离瓦斯含量和吸附瓦斯含量演化情况

### 10.3.8　敏感性分析

微波辅助抽采瓦斯系统中微波频率、输入能量、初始瓦斯压力等参数都会对瓦斯抽采效率产生影响，因此有必要对不同参数下的煤层各物理量变化情况进行分析，实现高效率抽采瓦斯的最优参数匹配。

(1) 微波频率影响分析

根据国际无线电通讯协会对微波频率应用范围的划分，本研究在 L、S、C 波段范围选取不同的微波频率，并在其中心频率周围分别选取 9.2 GHz、2.45 GHz、5.81 GHz 探究煤层响应机理。如前所述，不同的微波特征会明显影响煤介质吸波能力和能量转化效率，由于煤层温度的分布与其介电特性密不可分，不同的微波辐射频率导致煤层水分和温度发生变化，其介电性质也会随之改变，因此分析煤层受热效果的最佳频率对瓦斯抽采工程应用意义重大。

图 10-13 绘制了煤层 $B$ 监测点的温度和渗透率比值在不同微波频率下的演化情况，图中常规抽采条件的煤层不受微波作用。通过对比各微波频率的影响程度可知，施加微波辐射方式与常规抽采差距明显，微波辐射有利于提升煤层渗透率，促使煤层气高效率抽采。从温度曲线和渗透率比值曲线上均可得出，2.45 GHz 下的煤层温度和渗透率比值提高幅度最大，即该频率下微波辐射效果最优；而 5.81 GHz 下的煤层温度和渗透率比值与常规抽采接近，其对煤层气增产效果不明显；9.2 GHz 下两个参数的值介于 2.45 GHz 和 5.81 GHz 的之

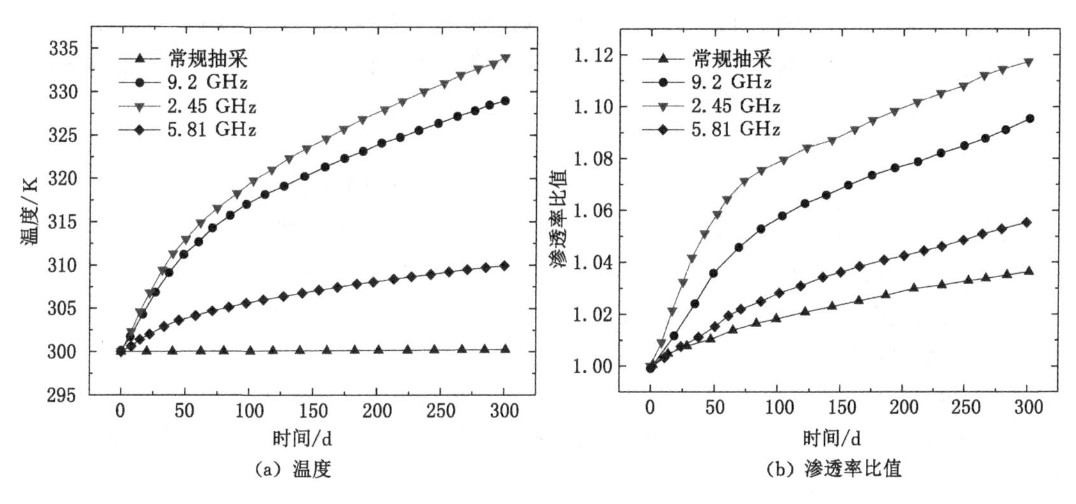

(a) 温度　　(b) 渗透率比值

图 10-13　不同微波频率下煤层温度和渗透率比值的演化情况

间,并与 2.45 GHz 的接近。通过分析可知,应选用 2.45 GHz 的微波频率应用于瓦斯抽采工程。

(2) 微波功率影响分析

如前所述,当输入能量一定时,微波功率越大,煤体温度上升速率加快,其温度最大值和最小值随微波功率增大变化幅度也较大。本研究在此基础上考察微波功率对含瓦斯煤体的渗透率比值和温度的影响规律,将微波辐射煤体总能量固定为 18 kJ,选取微波功率为 40 W、80 W、120 W,分别辐射煤层 450 d、225 d、150 d,为了便于比较,将瓦斯抽采时间固定为 450 d,使煤层经 80 W、120 W 注热后在无微波作用下继续抽采瓦斯 225 d、300 d。图 10-14是煤层 $B$ 监测点位置经常规抽采和各功率微波作用后温度和渗透率比值的演化情况。从图 10-14 中可看出,在微波作用阶段,温度和渗透率比值均随微波功率的增加而增大;但由于热传导影响,在无微波辐射时,$B$ 点温度下降幅度较大,瓦斯解吸速率减慢,再加上热膨胀影响,煤层渗透率比值迅速减小。尽管存在这些因素的负效应,但相较常规抽采方

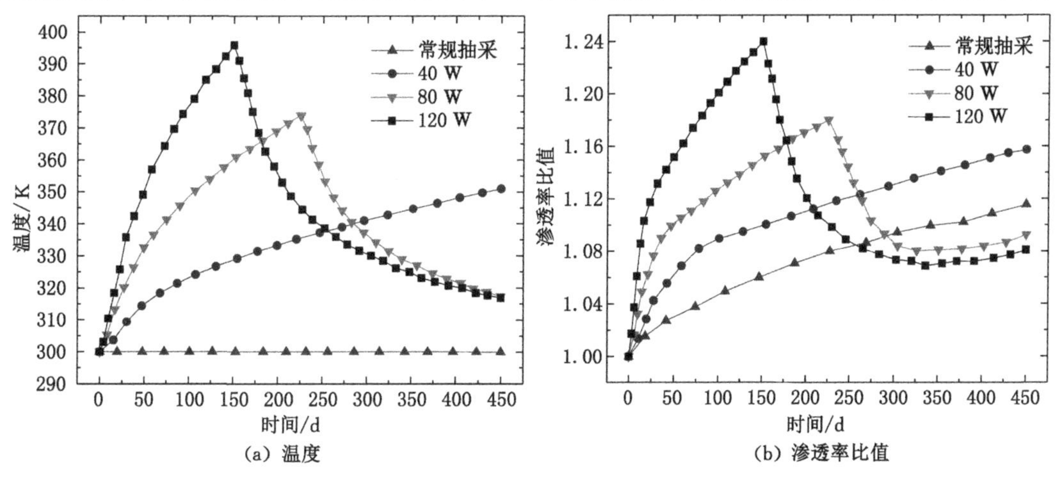

(a) 温度　　(b) 渗透率比值

图 10-14　不同微波功率下煤层温度和渗透率比值的演化情况

式，该位置的温度和渗透率比值仍较大。根据以往研究结果，煤层在高功率微波长时间辐射下温度梯度很大，并且高温区域的渗透率会呈现下降趋势，因此，应选用低功率微波辅助瓦斯抽采，以确保瓦斯抽采的持久性和高效率。

(3) 瓦斯压力影响分析

图 10-15 展示了煤层中 $A$、$B$ 两个监测点的渗透率比值随初始瓦斯压力的演化情况。本研究选取四个不同的初始瓦斯压力进行分析和比较，最大初始瓦斯压力取 4 MPa。根据微波辐射煤层各物理场耦合关系，初始瓦斯压力的改变不仅会影响煤层体积应变，还会通过影响瓦斯流动速率来改变煤层内部温度分布。图 10-15 表明：渗透率比值与初始瓦斯压力呈正相关关系，且当初始瓦斯压力增大到一定程度时，渗透率比值的变化幅度逐渐减小。在监测点 $A$ 处，随着微波辐射时间延长，1 MPa 下的渗透率比值上升幅度最小，监测点 $B$ 处的渗透率比值演化情况也具有同样规律。根据分析结果可知，微波注热对煤层的改造效果在高瓦斯压力条件下最突出。

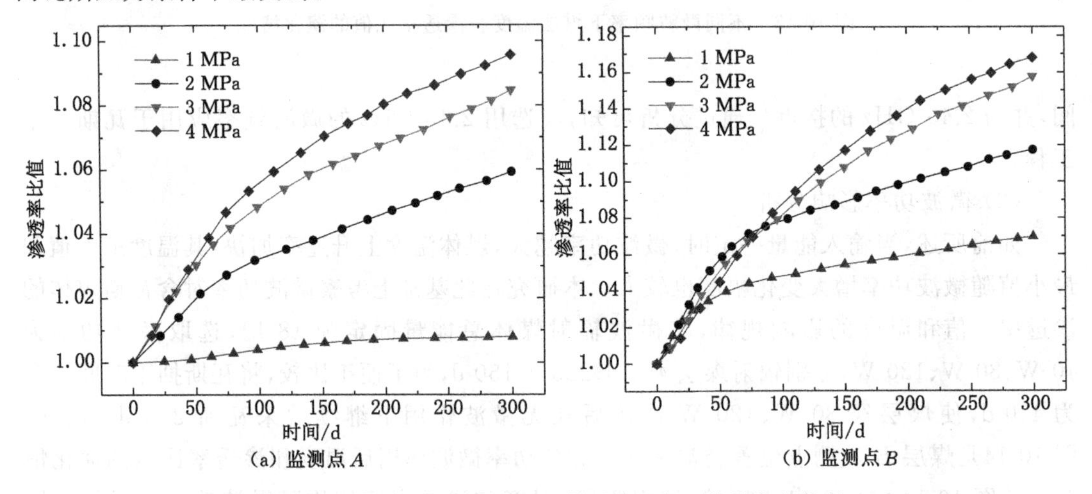


图 10-15 不同初始瓦斯压力下煤层渗透率比值的演化情况

# 参考文献


[1] 陈向军.外加水分对煤的瓦斯解吸动力学特性影响研究[D].徐州:中国矿业大学,2013.

[2] 陈向军,贾东旭,王林.煤解吸瓦斯的影响因素研究[J].煤炭科学技术,2013,41(6):50-53,79.

[3] 程五一,王佑安,王魅军.实验室确定钻屑解吸指标 $\Delta h_2$ 临界值方法的研究[J].煤炭工程师,1997(3):19-22.

[4] 崔礼生,韩跃新.微波技术在矿业中的应用[J].有色矿冶,2005,21(增刊):54-55,57.

[5] 董超,王恩元,晋明月,等.微波作用对煤微观孔隙影响的研究[J].煤矿安全,2013,44(5):49-52.

[6] 范章群.煤层气解吸研究的现状及发展趋势[J].中国煤层气,2008,5(4):6-10.

[7] 冯艳艳,储伟,孙文晶.储层温度下甲烷的吸附特征[J].煤炭学报,2012,37(9):1488-1492.

[8] 郭勇义,吴世跃,王跃明,等.煤粒瓦斯扩散及扩散系数测定方法的研究[J].山西矿业学院学报,1997,15(1):15-19,31.

[9] 何满潮,王春光,李德建,等.单轴应力-温度作用下煤中吸附瓦斯解吸特征[J].岩石力学与工程学报,2010,29(5):865-872.

[10] 何学秋,张力.外加电磁场对瓦斯吸附解吸的影响规律及作用机理的研究[J].煤炭学报,2000,25(6):614-618.

[11] 何学秋,聂百胜.孔隙气体在煤层中扩散的机理[J].中国矿业大学学报,2001,30(1):1-4.

[12] 何学秋,张力.正弦波电磁场对瓦斯吸附常数的影响规律[J].中国矿业大学学报,2003,32(5):476-478.

[13] 胡国忠,黄兴,许家林,等.可控微波场对煤体的孔隙结构及瓦斯吸附特性的影响[J].煤炭学报,2015,40(增刊2):374-379.

[14] 胡千庭,蒋时才,苏文叔.我国煤矿瓦斯灾害防治对策[J].矿业安全与环保,2000,27(1):1-4.

[15] 贾存华,陈军胜.高压变频电场解吸 3# 煤瓦斯气体试验研究[J].煤矿安全,2013,44(9):20-22.

[16] 姜永东,鲜学福,易俊,等.声震法促进煤中甲烷气解吸规律的实验及机理[J].煤炭学报,2008,33(6):675-680.

[17] 姜永东,阳兴洋,刘元雪,等.不同温度条件下煤中甲烷解吸特性的实验研究[J].矿业

安全与环保,2012,39(2):6-8.
[18] 晋明月.微波对煤岩物理力学性质作用规律研究[D].徐州:中国矿业大学,2013.
[19] 琚宜文,姜波,王桂梁,等.构造煤结构及储层物性[M].徐州:中国矿业大学出版社,2005.
[20] 康建宁.吸附压力对瓦斯放散初速度($\Delta P$)测定的影响研究[J].煤矿安全,2010,41(4):4-5.
[21] 李贺,林柏泉,洪溢都,等.微波辐射下煤体孔裂隙结构演化特性[J].中国矿业大学学报,2017,46(6):1194-1201.
[22] 李建楼.声波作用下煤体瓦斯解吸与放散特征研究[D].淮南:安徽理工大学,2010.
[23] 李前贵,康毅力,罗平亚.煤层甲烷解吸—扩散—渗流过程的影响因素分析[J].煤田地质与勘探,2003,31(4):26-29.
[24] 李晓红,冯明涛,周东平,等.空化水射流声震效应强化煤层瓦斯解吸渗流的实验[J].重庆大学学报,2011,34(4):1-5.
[25] 李晓伟,蒋承林.温度对瓦斯放散初速度测定的影响研究[J].煤矿安全,2009,40(1):1-3.
[26] 李云峰.微波加热过程中材料的介电性及传热特性研究[D].昆明:昆明理工大学,2012.
[27] 李志强,王司建,刘彦伟,等.基于动扩散系数新扩散模型的构造煤瓦斯扩散机理[J].中国矿业大学学报,2015,44(5):836-842.
[28] 李志强,刘勇,许彦鹏,等.煤粒多尺度孔隙中瓦斯扩散机理及动扩散系数新模型[J].煤炭学报,2016,41(3):633-643.
[29] 梁冰.温度对煤的瓦斯吸附性能影响的试验研究[J].黑龙江矿业学院学报,2000,10(1):20-22.
[30] 刘保县,熊德国,鲜学福.电场对煤瓦斯吸附渗流特性的影响[J].重庆大学学报(自然科学版),2006,29(2):83-85.
[31] 刘明举,许考,刘彦伟,等.煤吸附解吸电磁改性及定量分析[J].辽宁工程技术大学学报,2003,22(5):592-595.
[32] 刘彦伟,刘明举.粒度对软硬煤粒瓦斯解吸扩散差异性的影响[J].煤炭学报,2015,40(3):579-587.
[33] 卢义玉,王景环,黄飞,等.空化水射流声震效应促进瓦斯解吸渗流测试装置的改进[J].煤炭学报,2013,38(9):1604-1610.
[34] 马东民.煤层气吸附解吸机理研究[D].西安:西安科技大学,2008.
[35] 马东民,张遂安,王鹏刚,等.煤层气解吸的温度效应[J].煤田地质与勘探,2011,39(1):20-23.
[36] 聂百胜,何学秋,王恩元.瓦斯气体在煤层中的扩散机理及模式[J].中国安全科学学报,2000,10(6):24-28.
[37] 聂百胜,何学秋,王恩元,等.电磁场影响煤层甲烷吸附的机理研究[J].天然气工业,2004,24(10):32-34.
[38] 聂百胜,柳先锋,郭建华,等.水分对煤体瓦斯解吸扩散的影响[J].中国矿业大学学

报,2015,44(5):781-787.

[39] 彭金辉,刘秉国.微波煅烧技术及其应用[M].北京:科学出版社,2013.

[40] 孙茂远.煤层气:方兴未艾的新能源[J].科技导报,1996(8):59-61,21.

[41] 王恩元,张力,何学秋,等.煤体瓦斯渗透性的电场响应研究[J].中国矿业大学学报,2004,33(1):62-65.

[42] 王宏图,李晓红,鲜学福,等.地电场作用下煤中甲烷气体渗流性质的实验研究[J].岩石力学与工程学报,2004,23(2):303-306.

[43] 王轶波,李红涛,齐黎明.低温条件下煤体瓦斯解吸规律研究[J].中国煤炭,2011,37(5):103-104.

[44] 王佑安,朴春杰.用煤解吸瓦斯速度法井下测定煤层瓦斯含量的初步研究[J].煤矿安全,1981(11):8-13.

[45] 王禹,孙海涛,王宝辉,等.微波的热效应与非热效应[J].辽宁化工,2006,35(3):167-169.

[46] 王占立,刘丹.煤样粒度与煤层瓦斯吸附解吸之间关系实验研究[J].温州职业技术学院学报,2014,14(3):53-55,68.

[47] 王兆丰.空气、水和泥浆介质中煤的瓦斯解吸规律与应用研究[D].徐州:中国矿业大学,2001.

[48] 王兆丰,李晓华,戚灵灵,等.水分对阳泉3号煤层瓦斯解吸速度影响的实验研究[J].煤矿安全,2010,41(7):1-3.

[49] 王兆丰,岳高伟,康博,等.低温环境对煤的瓦斯解吸抑制效应试验[J].重庆大学学报,2014,37(9):106-112.

[50] 王志军,单远程,李宁.外加物理场对煤的瓦斯解吸的研究进展及其分析[J].煤矿现代化,2017(2):73-75.

[51] 王志军,李宁,魏建平,等.微波间断加载作用下煤中瓦斯解吸响应特征实验研究[J].中国安全生产科学技术,2017,13(4):76-80.

[52] 王志军,李先铭,马小童,等.微波间断加载对柱状煤瓦斯解吸特性的影响[J].微波学报,2019,35(1):91-96.

[53] 温志辉,代少华,任喜超,等.微波作用对颗粒煤瓦斯解吸规律影响的实验研究[J].微波学报,2015,31(6):91-96.

[54] 吴世跃,郭勇义.煤层气运移特征的研究[J].煤炭学报,1999,24(1):65-69.

[55] 夏浩.低阶煤的微波热解研究[D].焦作:河南理工大学,2012.

[56] 许考,刘明举,刘彦伟.交变电磁场作用下煤吸附解吸电磁改性研究[J].煤田地质与勘探,2003,31(3):23-26.

[57] 杨其銮,王佑安.煤屑瓦斯扩散理论及其应用[J].煤炭学报,1986(3):87-94.

[58] 杨新乐,张永利.热采煤层气藏过程煤层气运移规律的数值模拟[J].中国矿业大学学报,2011,40(1): 89-94.

[59] 杨永良,李增华,季淮君,等.煤中可溶有机质对煤的孔隙结构及甲烷吸附特性影响[J].燃料化学学报,2013,41(4):385-390.

[60] 易俊,姜永东,鲜学福.在交变电场声场作用下煤解吸吸附瓦斯特性分析[J].中国矿

业,2005,14(5):70-73.

[61] 易俊.声震法提高煤层气抽采率的机理及技术原理研究[D].重庆:重庆大学,2007.

[62] 于不凡.煤矿瓦斯灾害防治及利用技术手册[M].北京:煤炭工业出版社,2000.

[63] 曾社教,马东民,王鹏刚.温度变化对煤层气解吸效果的影响[J].西安科技大学学报,2009,29(4):449-453.

[64] 张洪良.负压环境煤的瓦斯解吸规律研究[D].焦作:河南理工大学,2011.

[65] 张力,何学秋,聂百胜.煤吸附瓦斯过程的研究[J].矿业安全与环保,2000,27(6):1-2,4.

[66] 张天军,许鸿杰,李树刚,等.温度对煤吸附性能的影响[J].煤炭学报,2009,34(6):802-805.

[67] 张新民,张遂安,钟玲文,等.中国的煤层甲烷[M].西安:陕西科学技术出版社,1991.

[68] 赵伟,周安宁,李远刚.微波辅助磨矿对煤岩组分解离的影响[J].煤炭学报,2011,36(1):140-144.

[69] ABDULRAHMAN M M,MERIBOUT M.Antenna array design for enhanced oil recovery under oil reservoir constraints with experimental validation[J].Energy,2014,66:868-880.

[70] ALEXEEV A D,FELDMAN E P,VASILENKO T A.Methane desorption from a coal-bed[J].Fuel,2007,86:2574-2580.

[71] AYDIN N E,OKUTAN H.Effect of coal moisture on emissions in fixed bed combustion appliances[J].Advanced materials research,2013,699:217-222.

[72] BARRER R M.Diffusion in and through solids[M].Cambridge:Cambridge University Press,1951:28-29.

[73] BERA A,BABADAGLI T.Status of electromagnetic heating for enhanced heavy oil/bitumen recovery and future prospects:a review[J].Applied energy,2015,151:206-226.

[74] CAI Y D,LIU D M,YAO Y B,et al.Partial coal pyrolysis and its implication to enhance coalbed methane recovery,Part Ⅰ:an experimental investigation[J].Fuel,2014,132:12-19.

[75] CAI Y D,PAN Z J,LIU D M,et al.Effects of pressure and temperature on gas diffusion and flow for primary and enhanced coalbed methane recovery[J].Energy exploration & exploitation,2014,32:601-619.

[76] CHENG Y G,LU Y Y,GE Z L,et al.Experimental study on crack propagation control and mechanism analysis of directional hydraulic fracturing[J].Fuel,2018,218:316-324.

[77] CRANK J.The mathematics of diffusion[M].2th edition.[S.l.:s.n.],1975.

[78] DENG J C,KANG J H,ZHOU F B,et al.The adsorption heat of methane on coal:comparison of theoretical and calorimetric heat and model of heat flow by microcalorimeter[J].Fuel,2019,237:81-90.

[79] DONG J,CHENG Y P,LIU Q Q,et al.Apparent and true diffusion coefficients of methane in coal and their relationships with methane desorption capacity[J].Energy & fuels,2017,31(3):2643-2651.

[80] FAIZ M,SAGHAFI A,SHERWOOD N,et al.The influence of petrological properties and burial history on coal seam methane reservoir characterisation,Sydney Basin,Australia[J].

International journal of coal geology,2007,70(1):193-208.

[81] FEI Y,JR JOHNSON R L,GONZALEZ M,et al.Experimental and numerical investigation into nano-stabilized foams in low permeability reservoir hydraulic fracturing applications[J].Fuel,2018,213:133-143.

[82] GUO J Q,KANG T H,KANG J T,et al.Accelerating methane desorption in lump anthracite modified by electrochemical treatment[J].International journal of coal geology,2014,131:392-399.

[83] GUO X,REN J,XIE C J,et al.A comparison study on the deoxygenation of coal mine methane over coal gangue and coke under microwave heating conditions[J].Energy conversion and management,2015,100:45-55.

[84] HONG Y D,LIN B Q,ZHU C J,et al.Influence of microwave energy on fractal dimension of coal cores:implications from nuclear magnetic resonance[J].Energy & fuels,2016,30(12):10253-10259.

[85] HU G,ZHU Y,XU J,et al.Mechanism of the controlled microwave field enhancing gas desorption and diffusion in coal[J].Journal of China University of Mining and Technology,2017,46(3):480-484,492.

[86] JIANG Y D,SONG X,LIU H,et al.Laboratory measurements of methane desorption on coal during acoustic stimulation[J].International journal of rock mechanics and mining sciences,2015,78:10-18.

[87] KROOSS B M,VAN BERGEN F,GENSTERBLUM Y,et al.High-pressure methane and carbon dioxide adsorption on dry and moisture-equilibrated Pennsylvanian coals[J].International journal of coal geology,2002,51(2):69-92.

[88] KUMAR H,LESTER E,KINGMAN S,et al.Inducing fractures and increasing cleat apertures in a bituminous coal under isotropic stress via application of microwave energy[J].International journal of coal geology,2011,88(1):75-82.

[89] LESTER E,KINGMAN S.The effect of microwave pre-heating on five different coals[J].Fuel,2004,83(14/15):1941-1947.

[90] LI H,LIN B Q,CHEN Z W,et al.Evolution of coal petrophysical properties under microwave irradiation stimulation for different water saturation conditions[J].Energy & fuels,2017,31(9):8852-8864.

[91] LIU J Z,ZHU J F,CHENG J,et al.Pore structure and fractal analysis of Ximeng lignite under microwave irradiation[J].Fuel,2015,146:41-50.

[92] MARLAND S,HAN B,MERCHANT A,et al.The effect of microwave radiation on coal grindability[J].Fuel,2000,79(11):1283-1288.

[93] MASTALERZ M,GLIKSON M,GOLDING S D.Coalbed methane:scientific,environmental and economic evaluation[M].Dordrecht:Springer Netherlands,1999.

[94] MCPHERSON R G,STANTON F S,VERMEULEN F E.Recovery of Athabasca bitumen with the electromagnetic flood(Emf) process[J].Journal of Canadian petroleum technology,1985,24(1):24-29.

[95] METCALFE R S, YEE D, SEIDLE J P, et al. Review of research efforts in coalbed methane recovery[C]//SPE Asia-Pacific Conference,1991.

[96] MOORE T A.Coalbed methane:a review[J].International journal of coal geology,2012,101:36-81.

[97] PAN J N,HOU Q L,JU Y W,et al.Coalbed methane sorption related to coal deformation structures at different temperatures and pressures[J].Fuel,2012,102:760-765.

[98] PILLALAMARRY M,HARPALANI S,LIU S M.Gas diffusion behavior of coal and its impact on production from coalbed methane reservoirs[J].International journal of coal geology,2011,86(4):342-348.

[99] PINI R,OTTIGER S,BURLINI L,et al.Sorption of carbon dioxide,methane and nitrogen in dry coals at high pressure and moderate temperature[J]. International journal of greenhouse gas control,2010,4(1):90-101.

[100] SAKUROVS R,DAY S,WEIR S,et al.Temperature dependence of sorption of gases by coals and charcoals[J].International journal of coal geology,2008,73:250-258.

[101] SENTHAMARAIKKANNAN G,GATES I,PRASAD V.Development of a multiscale microbial kinetics coupled gas transport model for the simulation of biogenic coalbed methane production[J].Fuel,2016,167:188-198.

[102] SEO Y J,KIM D,KOH D Y,et al.Soaking process for the enhanced methane recovery of gas hydrates via $CO_2/N_2$ gas injection[J].Energy & fuels,2015,29(12):8143-8150.

[103] SHEN C M,LIN B Q,ZHANG Q Z,et al.Induced drill-spray during hydraulic slotting of a coal seam and its influence on gas extraction[J].International journal of mining science and technology,2012,22:785-791.

[104] SHI J Q, DURUCAN S. A bidisperse pore diffusion model for methane displacement desorption in coal by $CO_2$ injection[J].Fuel,2003,82:1219-1229.

[105] SMITH D M,WILLIAMS F L.A new technique for determining the methane content of coal[C]//Proceedings of Intersociety Energy Conversion Engineering Conference,1980.

[106] SINGH M M,MA M S.Strata behavior investigations of underground auger mining with aerostatic supports[J].International journal of rock mechanics and mining sciences & geomechanics abstracts,1984,21(2):61.

[107] SRESTY G C,DEV H,SNOW R H,et al.Recovery of bitumen from tar sand deposits with the radio frequency process[J].SPE reservoir engineering,1986,1(1):85-94.

[108] TANG X,LI Z Q,RIPEPI N,et al.Temperature-dependent diffusion process of methane through dry crushed coal[J].Journal of natural gas science and engineering,2015,22:609-617.

[109] USLU T, ATALAY Ü.Microwave heating of coal for enhanced magnetic removal of pyrite[J].Fuel processing technology,2004,85(1):21-29.

[110] VACA P, OKONIEWSKI M.The application of radiofrequency heating technology for heavy oil and oil sands production[M].[S.l.:s.n.],2014.

[111] WANG K,ZANG J,FENG Y F,et al.Effects of moisture on diffusion kinetics in Chinese

coals during methane desorption[J].Journal of natural gas science and engineering,2014,21:1005-1014.

[112] WANG S C,ZHOU F B,KANG J H,et al.A heat transfer model of high-temperature nitrogen injection into a methane drainage borehole[J].Journal of natural gas science and engineering,2015,24:449-456.

[113] WANG Z J,MA X T,WEI J P,et al.Microwave irradiation's effect on promoting coalbed methane desorption and analysis of desorption kinetics[J].Fuel,2018,222:56-63.

[114] WANG Z J,WANG X J,ZUO W Q,et al.The influence of temperature on methane adsorption in coal:a review and statistical analysis[J].Adsorption science and technology,2019,37(7):745-763.

[115] WANG Z J,WANG X J,MA X T,et al.Laboratory measurements of methane desorption behavior on coal under different modes of real-time microwave loading[J].Adsorption,2020,26(1):61-73.

[116] YANG T,CHEN P,LI B,et al.Potential safety evaluation method based on temperature variation during gas adsorption and desorption on coal surface[J].Safety science,2019,113:336-344.

[117] YUE G W,WANG Z F,XIE C,et al.Time-dependent methane diffusion behavior in coal:measurement and modeling[J].Transport in porous media,2017,116:319-333.

[118] ZHANG Q L.Adsorption mechanism of different coal ranks under variable temperature and pressure conditions[J].Journal of China University of Mining and Technology,2008,18(3):395-400.

[119] ZHOU F D,HUSSAIN F,CINAR Y.Injecting pure $N_2$ and $CO_2$ to coal for enhanced coalbed methane:experimental observations and numerical simulation[J].International journal of coal geology,2013,116/117:53-62.

[120] ZHU W C,WEI C H,LIU J,et al.A model of coal-gas interaction under variable temperatures[J].International journal of coal geology,2011,86(2/3):213-221.

coal during methane desorption[J]. Journal of natural gas science and engineering, 2014, [illegible].

[112] [illegible] HOU [illegible] H, et al. [illegible] microwave [illegible] on methane desorption into [illegible] drainage method [illegible] [J]. [illegible] engineering, [illegible].

[113] WANG [illegible] WEI [illegible] microwave irradiation [illegible] methane desorption and analysis [illegible] [J]. [illegible] 2018, [illegible].

[114] WANG Z J, WANG X X, ZHAO W, et al. The influence of [illegible] adsorption on coal: a review and classical models[J]. Adsorption science and technology, 2018, 37(7): [illegible].

[115] WANG Z J, WANG X X, MA [illegible] measurements of methane desorption behavior on coal under different modes of [illegible] microwave loading[J]. Adsorption, [illegible].

[116] YANG T, CHEN P, LI B, et al. Potential safety evaluation method based on temperature variation during gas adsorption and desorption on coal surface[J]. Safety science, 2019, 113: 336-344.

[117] ZHU G W, WANG Z F, XIE [illegible], et al. Time-dependent methane diffusion behavior in coal: measurement and modeling[J]. Transport in porous media, 2017, [illegible]: [illegible]-123.

[118] ZHANG Q. Adsorption mechanism of different coal ranks under variable temperature and pressure conditions[J]. Journal of China University of Mining and Technology, [illegible], 18(3): [illegible]-406.

[119] ZHOU F D, HUSSAIN F, CINAR Y. Injecting pure $N_2$ and $CO_2$ to coal for enhanced coalbed methane: experimental observations and numerical simulation[J]. International journal of coal geology, 2013, 116: [illegible]-62.

[120] ZHU W C, WEI C H, LIU J, et al. A model of coal-gas interaction under variable temperatures[J]. International journal of coal geology, 2011, 86(2-3): 213-221.